피부미용사 실기 시험 전
최종 체크리스트

KB143957

구분		내용	확인
시험자용		상의 반팔 가운, 하의 긴 바지, 실내화, 마스크, 티셔츠, 양말 – 흰색	
		머리망 또는 머리핀, 머리띠 – 검정색	
		검정색 볼펜, 화이트	
모델용		여성모델용 가운, 겉 가운, 슬리퍼 – 흰색 또는 분홍색	
		남성모델용 반바지	
		신분증 지참	
배드 준비물		대형 타월2, 중형 타월1, 소형 타월(대략 16~18개)	
		헤어터번(흰색 또는 분홍색)	
화장품	1과제	포인트 메이크업 리무버, 클렌징제, 스킨토너, 효소, 고마쥐, AHA, 스크럽제, 크림팩, 석고마스크, 고무모델링마스크, 마사지크림 또는 오일, 립 앤 아이크림, 영양크림, 베이스크림	
	2과제	스킨토너, 바디오일, 진정젤, 탈컴파우더	
소모품		알코올분무기, 일반솜(바디용), 미용솜, 비닐팩(휴지통 또는 습포용), 면봉, 팩붓	
		티슈, 스파츌라, 유리볼, 가위, 족집게, 눈썹칼, 브러시, 거즈, 나무스파츌라, 해면, 부직포	
		라텍스장갑, 종이컵, 스테인리스 보관통, 컵형 보관통, 바구니, 해면볼, 트레이(쟁반), 고무볼	
기타	마스크	1과제 후 쉬는 시간에 답답하다고 벗고 있다가 잊고 2과제 때 착용하지 않고 진행할 수 있으니 여분의 마스크를 위생복 주머니에 미리 준비할 것	
	휴지통	휴지통으로 일부러 준비해 가지 않아도 되며 지퍼백을 준비하되 무거워서 떨어지는 수도 있으니 양면테이프를 여분으로 준비할 것	

 # 1과제

① 관리계획표 작성

총 10분

작업명	과정	작업시간	비고
관리계획표 작성	제시된 피부타입 및 제품을 적용한 피부 관리계획 작성	10분	9분 안에 작성하는 것을 연습한다.

② 클렌징

총 15분

작업명	과정	작업시간	비고
클렌징	① 손소독 ② 포인트메이크업 제거	6분 30초	
	③ 클린징 로션 도포하기 ④ 클린징(문지르기) 하기 – 화장품 노폐물이 침투하지 않을 정도로 가볍고 빠르게 제거한다.	3분 30초	클렌징 시 문지르기 동작은 2~3분 정도
	⑤ 티슈 닦기 ⑥ 해면 닦기 ⑦ 온습포 닦기 – 압력을 주지 않는다. ⑧ 토너 정리하기	5분	5분 남았을 때 티슈 작업 실기
감독관 확인	• 눈 앞머리, 코 옆, 목 경계 부위, 귀 뒤, 헤어라인이 제대로 클렌징 되었는지 솜을 이용해 철저히 검사해서 덜 닦인 부분을 찾아낸다. • 콧구멍이 안 닦이는 경우가 많으니 초보일수록 확인해서 잘 닦아 준다.		

③ 눈썹정리

총 5분

작업명	과정	작업시간	비고
눈썹정리 (한쪽 눈썹만 정리)	① 손, 도구 소독 ② 눈썹 부위 소독(알콜솜) ③ 눈썹 브러시 – 눈썹을 방향에 맞게 빗질한다. ④ 가위 정리 ⑤ 족집게 정리 ⑥ 눈썹 칼 정리 ⑦ 진정 젤 도포 ⑧ 주변 정리 및 마무리	5분	• 족집게로 눈썹을 뽑을 때 감독 확인 하에 작업한다. • 눈썹을 뽑아 둔 티슈는 감독관이 확인할 때까지 절대 버리지 말 것
감독관 확인	족집게 제거 시 텐션, 뽑는 방향, 눈썹정리 전후의 수정 상대 비교가 김점 요인이 된다.		

이 책의 구성 및 활용 방법

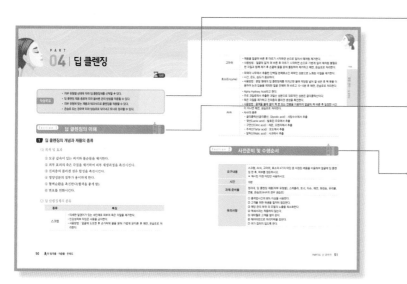

학습목표
해당 작업 과정 학습에 대한 구체적인 목표와 방향을 설정하고 학습 동기를 유발시킵니다.

과정의 이해
해당 작업에 대한 필요성과 목적, 이론을 간략하게 제시합니다.

사전준비 및 수행순서
실기시험 각 과정의 요구사항 및 준비물, 유의사항 등을 숙지하고 과정 학습에 들어갈 수 있습니다.

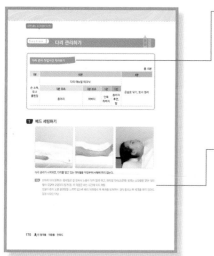

작업 시간 미리보기
수험생이 짧은 작업 시간을 효율적으로 사용할 수 있도록 시간 배분표를 제공합니다.

과정 컷과 설명
풍부한 과정 컷과 자세한 설명을 통해 작업에 대한 이해도를 높여줍니다.

Tip
저자의 유용한 Tip을 통해 전문가의 노하우를 대방출했습니다.

일러스트
일러스트에 직접 화살표나 자기만의 방식으로 작업 과정을 표시하면서 모든 동작을 자신의 것으로 만들수 있습니다.

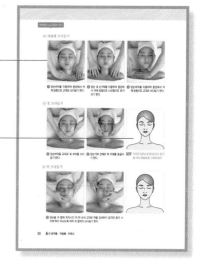

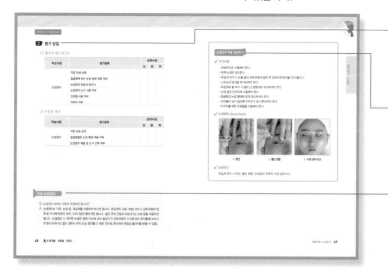

평가 준거 및 방법
감독위원이 작업 과정에서 주로 평가하는 항목을 확인하고 자신이 수행한 과정에 대한 자발적인 평가가 가능합니다.

최종 점검하기
주의사항 및 감독위원이 주로 확인하는 Check Point, 감점요인 등을 한 번 더 확인할 수 있습니다.

FAQ
수험자가 자주 문의하는 질문에 대한 명쾌한 답변을 제시합니다.

피부미용사
실기시험에 미치다

2017. 1. 10. 초 판 1쇄 발행
2018. 1. 5. 개정 1판 1쇄 발행
2019. 1. 7. 개정 2판 1쇄 발행
2019. 3. 8. 개정 2판 2쇄 발행
2020. 1. 6. 개정 3판 1쇄 발행
2021. 1. 7. 개정 4판 1쇄 발행

지은이 | 허은영, 박해련, 김경미
펴낸이 | 이종춘
펴낸곳 | [BM] (주)도서출판 성안당
주소 | 04032 서울시 마포구 양화로 127 첨단빌딩 3층(출판기획 R&D 센터)
    10881 경기도 파주시 문발로 112 파주 출판 문화도시(제작 및 물류)
전화 | 02) 3142-0036
    031) 950-6300
팩스 | 031) 955-0510
등록 | 1973. 2. 1. 제406-2005-000046호
출판사 홈페이지 | www.cyber.co.kr
ISBN | 978-89-315-9069-2 (13590)
정가 | 23,000원

이 책을 만든 사람들

책임 | 최옥현
기획 · 진행 | 박남균
교정 · 교열 | 디엔터
내지 디자인 | 디엔터
표지 디자인 | 박원석, 디엔터
홍보 | 김계향, 유미나
국제부 | 이선민, 조혜란, 김혜숙
마케팅 | 구본철, 차정욱, 나진호, 이동후, 강호묵
마케팅 지원 | 장상범, 조광환
제작 | 김유석

■ 도서 A/S 안내

성안당에서 발행하는 모든 도서는 저자와 출판사, 그리고 독자가 함께 만들어 나갑니다.
좋은 책을 펴내기 위해 많은 노력을 기울이고 있습니다. 혹시라도 내용상의 오류나 오탈자 등이 발견되면 **"좋은 책은 나라의 보배"**로서 우리 모두가 함께 만들어 간다는 마음으로 연락주시기 바랍니다. 수정 보완하여 더 나은 책이 되도록 최선을 다하겠습니다.
성안당은 늘 독자 여러분들의 소중한 의견을 기다리고 있습니다. 좋은 의견을 보내주시는 분께는 성안당 쇼핑몰의 포인트(3,000포인트)를 적립해 드립니다.
잘못 만들어진 책이나 부록 등이 파손된 경우에는 교환해 드립니다.

피부미용사

실기시험 에

 미치다

(美: 아름다울 미)

허은영·박해련·김경미 지음

BM (주)도서출판 성안당

 저자 약력

허 은 영

미용건강학 박사
성신여자대학교 피부비만전공 겸임교수

박 해 련

미용건강학 박사
김포대학교 한류문화관광학부 뷰티아트과 학과장

김 경 미

피부비만학 석사
명지전문대학교 뷰티매니지먼트과 초빙교수

들어가면서

　피부관리사는 21세기 유망 직종에 포함될 정도로 각광받는 전문 직업입니다. 삶의 질이 높아지면서 사회적으로 건강하고 아름다운 삶을 지향하고 싶은 현대인들에게 새롭게 부각되고 있는 전문분야라 할 수 있으며, 이러한 사회적 분위기와 욕구가 현장에서 피부미용업에 종사하고 있는 피부미용인들에게 직업에 대한 자긍심을 갖게 해주고 있습니다.

　피부관리사는 국가기술자격시험 미용사(피부)라는 제도를 통하여 자격증을 취득할 수 있으며 기술이 스펙을 이기는 시대라고 할 수 있을 만큼 전문 직종으로 각광을 받고 있습니다. 그 수요는 피부에 대한 여성들의 관심이 증가하고 남녀노소의 구분 없이 건강에 대한 이슈가 급증하면서 더 부각되고 있는 실정입니다.

　그래서 피부미용사 국가기술자격시험을 앞두고 있는 모든 피부미용인들에게 합격을 위한 길잡이가 되고자 산업계와 학계에서 활동해온 필자들이 한국산업인력공단에서 시행하고 있는 국가기술자격시험 미용사(피부) 실기시험 도서를 국가직무능력표준(NCS, National Competency Standards)에 맞춰 집필하게 되었습니다. NCS는 산업현장에서 직무를 수행하기 위해 요구되는 지식, 기술, 태도 등의 내용을 국가가 체계화한 것이며 이 책의 구성은 아래와 같습니다.

1과제	관리계획표 작성 | 클렌징 | 눈썹정리 | 딥 클렌징 | 손을 이용한 관리 | 팩 | 마스크 및 마무리
2과제	팔 관리 | 다리 관리 | 제모
3과제	림프를 이용한 피부 관리
특별부록	몸매 클렌징 | 등 관리 | 복부 관리 | 피부미용 기구 활용 | 피부미용 화장품 사용

　각 과정에 대한 풍부한 과정 컷과 친절하고 자세한 설명뿐만 아니라 과정별 유의사항 및 Tip을 실어 수험자가 완벽하게 과정을 숙지하고 실수를 줄일 수 있도록 구성하였습니다.

　앞으로도 피부미용사에 도전하려는 수험생들에게 성실과 노력으로 합격이라는 좋은 열매를 얻을 수 있는 전문 지침서가 될 수 있도록 꾸준히 연구 · 보완해 나갈 것임을 약속드립니다.

저자 일동

목차

NCS 기반 피부미용

🗨 국가직무능력표준(NCS)

국가직무능력표준(NCS, National Competency Standards)은 산업현장에서 직무를 행하기 위해 요구되는 지식·기술·태도 등의 내용을 국가가 산업 부문별, 수준별로 체계화한 것으로, 산업현장의 직무를 성공적으로 수행하기 위해 필요한 능력(지식, 기술, 태도)을 국가적 차원에서 표준화한 것을 의미한다.

🗨 NCS 학습모듈

국가직무능력표준(NCS)이 현장의 '직무 요구서'라고 한다면, NCS 학습모듈은 NCS의 능력단위를 교육훈련에서 학습할 수 있도록 구성한 '교수·학습 자료'이다. NCS 학습모듈은 구체적 직무를 학습할 수 있도록 이론 및 실습과 관련된 내용을 상세하게 제시한다.

🗨 '피부미용' NCS 학습모듈 둘러보기 (www.ncs.go.kr)

1. NCS '피부미용' 직무 정의
   피부미용은 고객의 상담과 피부분석을 통하여 안정감 있고 위생적인 환경에서 얼굴과 전신의 피부를 미용기기와 화장품 등을 이용하여 서비스를 제공하고 피부미용에 대한 업무수행을 기획, 관리하는 일이다.

2. '피부미용' NCS 학습모듈 검색

분류체계				NCS 학습모듈
대분류 이용 · 숙박 · 여행 · 오락 · 스포츠 ▶	중분류 이 · 미용 ▶	소분류 이 · 미용 서비스 ▶	세분류(직무) 피부미용 ▶	1. 피부미용 고객 상담 2. 피부미용 피부 분석 및 위생 3. 얼굴 관리 4. 몸매 관리 5. 피부미용 특수 관리 6. 피부미용 기기 활용 7. 피부미용 기구 활용 8. 피부미용 화장품 사용 9. 피부미용 샵 경영 관리 10.헤드테라피

3. 환경분석

구분	첨부파일
환경분석	🖼️📄📇

4. NCS능력단위

순번	분류번호	능력단위명		수준	첨부파일	선택
1	1201010201_16v2	피부미용 고객 상담	변경이력	5	🖼️📄📇	☐
2	1201010202_16v2	피부미용 피부분석	변경이력	3	🖼️📄📇	☐
3	1201010206_16v3	피부미용 고객마무리관리	변경이력	2	🖼️📄📇	☐
4	1201010210_16v2	피부미용 위생관리	변경이력	2	🖼️📄📇	☐

5. NCS 학습모듈

순번	학습모듈명	분류번호	능력단위명	첨부파일	선택
1	피부미용 고객상담	1201010201_14v2	피부미용 고객 상담	📄📇	☐
		1201010206_14v2	피부미용 고객마무리관리		
2	피부미용 피부분석 및 위생	1201010202_14v2	피부미용 피부분석	📄📇	☐
		1201010210_14v2	피부미용 위생관리		

6. 활용패키지

구분
경력개발경로 모형
직무기술서
체크리스트
자가진단도구

피부미용사 국가자격 시험정보

💬 개요

미용업무는 공중위생분야로서 국민의 건강과 직결되어 있는 중요한 분야로 향후 국가의 산업구조가 제조업에서 서비스업 중심으로 전환되는 차원에서 수요가 증대되고 있다. 머리, 피부미용, 화장 등 분야별로 세분화 및 전문화되고 있는 미용의 세계적인 추세에 맞추어 피부미용을 자격제도화 함으로써 피부미용분야 전문인력을 양성하여 국민의 보건과 건강을 보호하기 위하여 자격제도가 제정되었다.

💬 수행직무

얼굴 및 신체의 피부를 아름답게 유지·보호·개선 관리하기 위하여 각 부위와 유형에 적절한 관리법과 기기 및 제품을 사용하여 피부미용을 수행한다.

💬 진로 및 전망

피부미용사, 미용 강사, 화장품 관련 연구기관, 피부미용업 창업, 유학 등

💬 시험수수료

필기(14,500원), 실기(27,300원)

💬 필기시험 출제경향

피부미용이론(피부미용학, 피부학), 해부생리학, 피부미용기기학, 화장품학, 공중위생관리학의 내용을 중심으로 출제

💬 취득방법

① 실시기관 : 한국산업인력공단(홈페이지 : q-net.or.kr)
② 훈련기관 : 대학 및 전문대학 미용관련학과, 노동부 관할 직업훈련학교, 시·군·구 관할 여성발전 (훈련)센터, 기타 학원 등
③ 시험과목
  • 필기 : 피부미용이론, 해부생리학, 피부미용기기학, 화장품학, 공중위생관리학
  • 실기 : 피부미용실무
④ 검정방법
  • 필기 : 객관식 4지 택일형, 60문항(60분)
  • 실기 : 작업형(2시간 15분 정도)
⑤ 합격기준(필기&실기) : 100점을 만점으로 하여 60점 이상
⑥ 응시자격 : 제한 없음

피부미용사 실기시험 출제기준

직무 분야	이용 · 숙박 · 여행 · 오락 · 스포츠	중직무 분야	이용 · 미용	자격 종목	미용사(피부)	적용 기간	2021. 1. 1. ~ 2021. 12. 31.

직무내용 : 고객의 상담과 피부 분석을 통해 안정감 있고 위생적인 환경에서 얼굴, 신체 부위별 피부에 미용기기와 화장
품을 이용하여 서비스를 제공하는 직무

수행준거 : 1. 피부미용 실무를 위한 준비 및 위생사항 점검을 수행할 수 있다.
2. 피부의 타입에 따른 클렌징 및 딥 클렌징을 할 수 있다.
3. 피부의 타입별 분석표를 작성할 수 있다.
4. 눈썹정리 및 왁싱 작업을 수행할 수 있다.
5. 손을 이용한 얼굴 및 신체 각 부위(팔, 다리 등) 관리를 수행할 수 있다.

실기검정방법	작업형	시험시간	2시간 15분 정도

실기과목명	주요항목	세부항목	세세항목
피부미용실무	1. 피부미용 위생 관리	피부미용 작업장 위생 관리하기	1. 위생 관리 지침에 따라 피부미용 작업장 위생 관리 업무를 책임 자와 협의하여 준비, 수행할 수 있다. 2. 쾌적함을 주는 피부미용 작업장이 되도록 체크리스트에 따라 환 풍, 조도, 냉 · 난방시설에 대한 위생을 점검할 수 있다. 3. 위생 관리 지침에 따라 피부미용 작업장 청소 및 소독 점검표를 기록할 수 있다. 4. 피부미용 작업장 소독계획에 따른 작업장 소독을 통해 작업장의 위생 상태를 관리할 수 있다.
		피부미용 비품 위생 관리하기	1. 위생 관리 지침에 따라 피부미용 비품의 위생 관리 업무를 책임 자와 협의하여 준비, 수행할 수 있다. 2. 위생 관리 지침에 따라 적절한 소독방법으로 피부 관리실 내부의 비품을 소독하여 보관할 수 있다. 3. 소독제에 대한 유효기간을 점검할 수 있다. 4. 사용종류에 알맞은 피부미용 비품의 정리정돈을 수행할 수 있다.
		피부미용사 위생 관리하기	1. 위생 관리 지침에 따라 피부미용사로서 깨끗한 위생복, 마스크, 실내화를 구비하여 착용할 수 있다. 2. 장신구는 피하고 가벼운 화장과 예의 있는 언행으로 작업장 근무 수칙을 준수할 수 있다. 3. 위생 관리 지침에 따라 두발, 손톱 등 단정한 용모와 신체 청결 을 유지할 수 있다.
	2. 얼굴 관리	얼굴 클렌징 하기	1. 얼굴 피부 유형별 상태에 따라 클렌징 방법과 제품을 선택할 수 있다. 2. 눈, 입술 순서로 포인트 메이크업을 클렌징할 수 있다. 3. 얼굴 피부 유형에 맞는 제품과 테크닉으로 클렌징할 수 있다. 4. 온습포 또는 경우에 따라 냉습포로 닦아내고 토너로 정리할 수 있다.

피부미용사 실기시험 출제기준

실기과목명	주요항목	세부항목	세세항목
피부미용실무	2. 얼굴 관리	눈썹정리하기	1. 눈썹정리를 위해 도구를 소독하여 준비할 수 있다. 2. 고객이 선호하는 눈썹 형태로 정리할 수 있다. 3. 눈썹정리한 부위에 대한 진정 관리를 실시할 수 있다.
		얼굴 딥 클렌징하기	1. 피부 유형별 딥 클렌징 제품을 선택할 수 있다. 2. 선택된 딥 클렌징 제품을 특성에 맞게 적용할 수 있다. 3. 피부미용기기 및 기구를 활용하여 딥 클렌징을 적용할 수 있다.
		얼굴 매뉴얼 테크닉하기	1. 얼굴의 피부 유형과 부위에 맞는 매뉴얼 테크닉을 하기 위한 제품을 선택할 수 있다. 2. 선택된 제품을 피부에 도포할 수 있다. 3. 5가지 기본 동작을 이용하여 매뉴얼 테크닉을 적용할 수 있다. 4. 얼굴의 피부 상태와 부위에 적정한 리듬, 강약, 속도, 시간, 밀착 등을 조절하여 적용할 수 있다.
		영양물질 도포하기	1. 피부 유형에 따라 영양물질을 선택할 수 있다. 2. 피부 유형에 따라 영양물질을 필요한 부위에 도포할 수 있다. 3. 제품의 특성에 따른 영양물질이 흡수되도록 할 수 있다.
		얼굴 팩 · 마스크하기	1. 피부 유형에 따른 팩과 마스크 종류를 선택할 수 있다. 2. 제품 성질에 맞는 팩과 마스크를 적용할 수 있다. 3. 관리 후 팩과 마스크를 안전하게 제거할 수 있다.
		마무리하기	1. 얼굴 관리가 끝난 후 토너로 피부 정리를 할 수 있다. 2. 고객의 얼굴 피부 유형에 따른 기초화장품류를 선택할 수 있다. 3. 영양물질을 흡수시키고 자외선 차단제를 사용하여 마무리할 수 있다.
	3. 신체 각 부위별 피부 관리	신체 각 부위별 클렌징하기	1. 화장품 성분에 대한 지식을 이해하고 피부 상태에 따라 클렌징 방법과 제품을 선택할 수 있다. 2. 클렌징 방법을 이해하고 클렌징 제품을 팔, 다리에 도포하여 순서에 맞게 연결 동작으로 가볍게 시행할 수 있다. 3. 마무리를 위하여 온습포 등으로 잔여물을 닦아낸 후 토너로 피부를 정리할 수 있다.
		신체 부위별 딥 클렌징하기	1. 전신 피부 유형별 딥 클렌징 제품을 선택할 수 있다. 2. 선택된 딥 클렌징 제품을 특성에 따라 전신 피부 유형에 맞게 적용할 수 있다. 3. 피부미용기기 및 기구를 활용하여 딥 클렌징을 적용할 수 있다.
		신체 부위별 피부 관리하기	1. 손, 팔, 다리의 피부 유형과 피부 상태를 파악하여 피부 관리에 적합한 제품을 선택, 도포할 수 있다. 2. 손, 팔, 다리의 피부 상태를 파악하고 목적에 맞는 매뉴얼 테크닉을 적용, 피부 관리를 할 수 있다.

실기과목명	주요항목	세부항목	세세항목
피부미용실무	3. 신체 각 부위별 피부 관리	신체 부위별 팩·마스크하기	1. 전신 피부 유형에 따른 팩과 마스크 종류를 선택할 수 있다. 2. 제품 성질에 맞게 팩과 마스크를 적용할 수 있다. 3. 관리 후 팩과 마스크를 안전하게 제거할 수 있다.
		신체 부위별 관리 마무리 하기	1. 전신 관리가 끝난 후 토너로 피부 정리를 할 수 있다. 2. 고객의 전신 피부 유형에 따른 기초화장품류를 선택할 수 있다. 3. 해당 부위에 맞는 제품을 선택 후 특성에 따라 적용할 수 있다. 4. 피부 손질이 끝난 후 전신을 가볍게 이완할 수 있다.
	4. 피부미용 특수 관리	제모하기	1. 신체 부위별 왁스를 선택하고 도구를 준비할 수 있다. 2. 제모할 부위에 털의 길이를 조절할 수 있다. 3. 제모할 부위를 소독할 수 있다. 4. 수분제거용 파우더와 왁스를 적용할 수 있다. 5. 부위에 맞게 부직포를 밀착하여 떼어 낸 후 남은 털을 족집게로 정리할 수 있다. 6. 냉습포로 닦아낸 후 진정 제품으로 정돈할 수 있다.
		림프 관리하기	1. 림프 관리 시 금기해야할 상태를 구분할 수 있다. 2. 림프 관리 시 적용할 피부 상태와 신체 부위를 구분할 수 있다. 3. 림프절과 림프선을 알고 적절하게 관리할 수 있다. 4. 셀룰라이트 피부를 파악하여 림프 관리를 적용할 수 있다. 5. 림프정체성 피부를 파악하여 림프 관리를 적용할 수 있다.

피부미용사 실기시험 공개문제

💬 **수험자 유의사항(전 과제 공통)**

① 수험자와 모델은 감독위원의 지시에 따라야 하며, 지정된 시간에 시험장에 입실해야 합니다.

② 수험자는 수험표 및 신분증(본인임을 확인할 수 있는 사진이 부착된 증명서)을 지참해야 합니다.

③ 수험자는 반드시 위생복(상의는 흰색 반팔 가운, 하의는 흰색 긴 바지로 모든 복식은 흰색으로 통일합니다. 단, 머리 장식품(핀 등)을 사용 시에는 검은색 착용, 1회용 가운 제외), 마스크 및 실내화(색상은 흰색 통일)를 착용하여야 하며, 복장 등에 소속을 나타내거나 암시하는 표시가 없어야 합니다.

④ 수험자 및 모델은 눈에 보이는 표식(예: 네일 컬러링, 디자인 등)이 없어야 하며, 표식이 될 수 있는 액세서리(예 : 반지, 시계, 팔찌, 발찌, 목걸이, 귀걸이 등)를 착용할 수 없습니다.

⑤ 수험자 및 모델이 머리카락 고정용품(머리핀, 머리띠, 머리망, 고무줄 등)을 착용할 경우 검은색만 허용합니다.

⑥ 수험자는 시험 중에 필요한 물품(습포, 왁스 등)을 가져오거나 관리상 필요한 이동을 제외하고 지정된 자리를 이탈하거나 다른 수험자와 대화 등을 할 수 없으며, 질문이 있는 경우는 손을 들고 감독위원이 올 때까지 기다려야 합니다.

⑦ 사용되는 해면과 코튼은 반드시 새 것을 사용하고 과제 시작 전 사용에 적합한 상태를 유지하도록 미리 준비해야 합니다.

⑧ 시험 시 사용되는 타월은 대형과 중형은 지참재료상의 지정된 수량만큼만 사용하고, 소형은 필요시 더 사용할 수 있습니다.

⑨ 수험자는 작업에 필요한 습포를 시험 시작 전 미리 준비(온습포는 과제당 6매까지 온장고에 보관)할 수 있으며, 비닐백(지퍼백 등)에 비번호 기재 후 보관하여야 합니다.

⑩ 모델은 반드시 화장(파운데이션, 마스카라, 아이라인, 아이섀도, 눈썹 및 입술 화장(립스틱 사용 등)이 되어 있어야 합니다(남자모델의 경우도 동일).

⑪ 모델은 만 14세 이상의 신체 건강한 남, 여(년도 기준)로 아래의 조건에 해당하지 않아야 합니다.
ㄱ 심한 민감성 피부 혹은 심한 농포성 여드름이 있는 사람 등 피부 관리에 적합하지 않은 피부 질환을 가진 사람
ㄴ 성형수술(코, 눈, 턱윤곽술, 주름 제거 등)한 지 6개월 이내인 사람
ㄷ 호흡기 질환, 민감성 피부, 알레르기 등이 있는 자
ㄹ 임신 중인 자
ㅁ 정신질환자

※ 수험자가 동반한 모델도 신분증을 지참하여야 하며, 공단에서 지정한 신분증을 지참하지 않았을 경우모델로 시험에 참여가 불가능합니다.

※ 여성 수험자는 여성 모델을, 남성 수험자는 남성 모델을 준비하시면 되며, 사전에 대동한 모델에게 작업에 요구되는 노출에 대한 동의를 받으셔야 합니다.

⑫ 관리 대상 부위를 제외한 나머지 부위는 노출이 없도록 수건 등으로 덮어두시오. (단, 팔은 노출

이 가능합니다.)

⑬ 팩과 딥 클렌징 제품을 제외한 화장품은 어느 한 피부 타입에만 특화되지 않고 모든 피부 타입에 사용해도 괜찮은 타입(올 스킨 타입 혹은 범용)을 사용하시오.

⑭ 수험자 또는 모델은 핸드폰을 사용할 수 없습니다.

⑮ 작업에 필요한 각종 도구를 바닥에 떨어뜨리는 일이 없도록 하여야 하며, 특히 눈썹칼, 가위 등을 조심성 있게 다루어 안전사고가 발생되지 않도록 주의해야 합니다.

⑮ 작업에 필요한 각종 도구를 바닥에 떨어뜨리는 일이 없도록 하여야 하며, 특히 눈썹칼, 가위 등을 조심성 있게 다루어 안전사고가 발생되지 않도록 주의해야 합니다.

⑯ 제시된 작업시간 안에 세부 작업을 끝내며, 각 과제의 마지막 작업 시에는 주변정리를 함께 끝내야 하되, 각 세부 작업 시험시간을 초과하는 경우는 해당되는 세부 작업을 0점 처리합니다.

⑰ 다음의 경우에는 득점과 관계없이 채점 대상에서 제외됩니다.
　　㉠ 시험 전체 과정을 응시하지 않은 경우
　　㉡ 시험 도중 시험실을 무단이탈하는 경우
　　㉢ 부정한 방법으로 타인의 도움을 받거나 타인의 시험을 방해하는 경우
　　㉣ 무단으로 모델을 수험자 간에 교환하는 경우
　　㉤ 국가자격검정 규정에 위배되는 부정행위 등을 하는 경우
　　㉥ 수험자가 위생복을 착용하지 않은 경우
　　㉦ 모델이 가운을 미착용한 경우(여성 : 속가운, 남성 : 베이지색 또는 남색 반바지)
　　㉧ 수험자 유의사항 내의 모델 조건에 부적합한 경우
　　㉨ 주요 화장품을 대부분 덜어서 가져온 경우

⑱ 시험 응시 제외 사항
　　모델을 데려오지 않은 경우 해당 과제는 응시할 수 없습니다.

⑱ 제시된 작업시간 안에 세부 작업을 끝내며, 각 과제의 마지막 작업 시에는 주변 정리를 함께 끝내야 합니다. 각 세부 작업 시험시간을 초과하는 경우는 해당되는 세부 작업을 0점 처리합니다.

⑲ 득점 외 별도 감점 사항
　　㉠ 복장 상태, 사전 준비 상태 중 어느 하나라도 미 준비하거나 준비 작업이 미흡한 경우
　　㉡ 모델이 가운을 미착용한 경우(여성 : 겉가운, 남성 : 흰색 반팔 티셔츠)
　　㉢ 관리 범위를 지키지 않는 경우(관리 범위 중 일부를 하지 않거나 범위를 벗어나는 것 모두 해당)
　　㉣ 작업 순서를 지키지 않는 경우
　　㉤ 눈썹을 사전에 모두 정리를 해서 오는 경우
　　㉥ 필요한 기구 및 재료 등을 시험 도중에 꺼내는 경우

⑳ 마스크 작업 시 마스크 종류 및 순서가 틀린 경우, 지압 및 강한 두드림 등 안마행위를 하는 경우 및 눈썹과 체모가 없는 경우는 해당 작업을 0점 처리합니다.

※ 항목별 배점은 얼굴관리 60점, 부위별 관리 25점, 림프를 이용한 피부관리 15점입니다.

💬 제1과제 얼굴 관리

60점, 1시간 25분(준비 작업 시간 및 위생 점검시간 제외)

1. 준비 작업

① 클렌징 작업 전, 과제에 사용되는 화장품 및 사용 재료를 관리에 편리하도록 작업대에 정리하시오.

② 베드는 대형 수건을 미리 세팅하고, 재료 및 도구의 준비, 개인 및 기구 소독을 하시오.

③ 모델을 관리에 적합하게 준비(복장, 헤어터번, 노출 관리 등)하고 누워 있도록 한 후 감독위원의 준비 및 위생 점검을 위해 대기하시오.

2. 피부미용 작업

순서	작업명	요구내용	시간	비고
1	관리계획표 작성	제시된 피부 타입 및 제품을 적용한 피부 관리 계획을 작성하시오.	10분	
2	클렌징	지참한 제품을 이용하여 포인트 메이크업을 지우고 관리범위를 클렌징 한 후, 코튼 또는 해면을 이용하여 제품을 제거하고, 피부를 정돈하시오.	15분	도포 후 문지르기는 2~3분 정도 유지하시오.
3	눈썹정리	족집게와 가위, 눈썹 칼을 이용하여 얼굴형에 맞는 눈썹 모양을 만들고, 보기에 아름답게 눈썹을 정리하시오.	5분	눈썹을 뽑을 때 감독확인 하에 작업하시오(한쪽 눈썹에만 작업하시오).
4	딥 클렌징	스크럽, AHA, 고마쥐, 효소의 4가지 타입 중 지정된 제품을 이용하여 얼굴에 딥 클렌징 한 후, 피부를 정돈하시오.	10분	제시된 지정 타입만 사용하시오.
5	손을 이용한 관리 (매뉴얼 테크닉)	화장품(크림 혹은 오일 타입)을 관리 부위에 도포하고, 적절한 동작을 사용하여 관리한 후, 피부를 정돈하시오.	15분	
6	팩	팩을 위한 기본 전처리를 실시한 후, 제시된 피부 타입에 적합한 제품을 선택하여 관리 부위에 적당량을 도포하고, 일정시간 경과 뒤 팩을 제거한 후, 피부를 정돈하시오.	10분	팩을 도포한 부위는 코튼으로 덮지 마시오.
7	마스크 및 마무리	마스크를 위한 기본 전처리를 실시한 후, 지정된 제품을 선택하여 관리 부위에 작업하고, 일정시간 경과 뒤 마스크를 제거한 다음 피부를 정돈한 후 최종 마무리와 주변 정리를 하시오.	20분	제시된 지정 마스크만 사용하시오.

3. 수험자 유의사항

① 지참 재료 중 바구니는 왜건의 크기(가로 ×세로)보다 큰 것은 사용할 수 없습니다.

② 관리계획표는 제시된 조건에 맞는 내용으로 시험에서의 작업에 의거하여 작성하시오.

③ 필기노구는 흑색 볼펜만을 사용하여 작성하시오.

④ 눈썹정리 시 족집게를 이용하여 눈썹을 뽑을 때는 감독위원의 입회하에 실시하되, 감독위원의 지시를 따르시오(작업을 하고 있다가 감독위원이 지시하면 족집게를 사용하며, 작업을 하지 않고 기다리지 마시오).

⑤ 팩은 요구되는 피부 타입에 따라 제품을 선택하여 사용하고, 붓 또는 스파츌라를 사용하여 관리 부위에 도포하시오.

⑥ 마스크의 작업 부위는 얼굴에서 목 경계 부위까지로 작업 시 코와 입에 호흡을 할 수 있도록 해야 합니다.

⑦ 얼굴 관리 중 클렌징, 손을 이용한 관리, 팩 작업에서의 관리범위는 얼굴부터 데콜테(가슴(Breast)은 제외)까지를 말하며, 겨드랑이 안쪽 부위는 제외됩니다.

⑧ 모든 작업은 총작업시간의 90% 이상을 사용하시오(단, 관리계획표 작성은 제외).

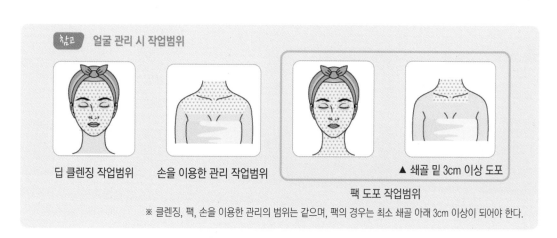

참고 얼굴 관리 시 작업범위

딥 클렌징 작업범위 　　손을 이용한 관리 작업범위　　▲ 쇄골 밑 3cm 이상 도포

팩 도포 작업범위

※ 클렌징, 팩, 손을 이용한 관리의 범위는 같으며, 팩의 경우는 최소 쇄골 아래 3cm 이상이 되어야 한다.

💬 제2과제 팔, 다리 관리

25점, 35분(준비 작업 시간 제외)

1. 준비 작업
① 과제에 사용되는 화장품 및 사용 재료는 작업에 편리하도록 작업대에 정리하시오.
② 모델을 관리에 적합하도록 준비하고 베드 위에 누워서 대기하도록 하시오.

2. 피부미용 작업

순서	작업명		요구내용	시간	비고
1	손을 이용한 관리 (매뉴얼 테크닉)	팔(전체)	모델의 관리 부위(오른쪽 팔, 오른쪽 다리)를 화장수를 사용하여 가볍고 신속하게 닦아낸 후 화장품(크림 혹은 오일 타입)을 도포하고, 적절한 동작을 사용하여 관리하시오.	10분	총작업시간의 90% 이상을 유지하시오.
		다리(전체)		15분	

순서	작업명	요구내용	시간	비고
2	제모	왁스 워머에 데워진 핫 왁스를 필요량만큼 용기에 덜어서 작업에 사용하고, 다리에 왁스를 부직포 길이에 적합한 면적만큼 도포한 후, 제모를 제거하고 제모 부위의 피부를 정돈하시오.	10분	제모는 좌우구분이 없으며 부직포 제거 전에 손을 들어 감독의 확인을 받으시오.

3. 수험자 유의사항

① 손을 이용한 관리는 팔과 다리가 주 대상범위이며, 손과 발의 관리 시간은 전체 시간의 20%를 넘지 않도록 하시오.

② 제모 시 발을 제외한 좌우측 다리(전체) 중 적합한 부위에 한번만 제거하시오.

③ 관리 부위에 체모가 완전히 제거되지 않았을 경우 족집게 등으로 잔털 등을 제거하시오.

④ 제모 작업은 7cm×20cm 정도의 부직포 1장을 이용한 도포 범위(4~5cm×12~14cm)를 기준으로 하시오.

📣 제3과제 림프를 이용한 피부 관리

15점, 15분(준비 작업 시간 제외)

1. 준비 작업

① 과제에 사용되는 화장품 및 사용 재료는 작업에 편리하도록 작업대에 정리하시오.

② 모델을 작업에 적합하도록 준비하시오.

2. 피부미용 작업

순서	작업명	요구내용	시간	비고
1	림프를 이용한 피부 관리	적절한 압력과 속도를 유지하며 목과 얼굴 부위에 림프절 방향에 맞추어 피부 관리를 실시하시오(단, 에플라쥐 동작을 시작과 마지막에 하시오).	15분	종료시간에 맞추어 관리하시오.

3. 수험자 유의사항

① 작업 전 관리 부위에 대한 클렌징 작업은 하지 마시오.

② 관리 순서는 에플라쥐를 먼저 실시한 후 첫 시작지점은 목 부위(Profundus)부터 하되, 림프절 방향으로 관리하며, 림프절의 방향에 역행되지 않도록 주의하시오.

③ 적절한 압력과 속도를 유지하고, 정확한 부위에 실시하시오.

수험자 지참 재료 목록

※ 지급 재료 목록 : 핫왁스(400~500㎖, 7인당 1개), 화장솜(100개, 20인당 1개)

일련 번호	재료명	규격	단위	수량	비고
1	위생복	상의 반팔 가운 하의 긴 바지	벌	1	모든 복식은 흰색 통일
2	실내화	흰색	켤레	1	실내화만 허용
3	마스크	흰색	개	1	
4	대형타월	100×180cm, 흰색	장	2	베드용, 모델용
5	중형타월	65×130cm, 흰색	장	1	
6	소형타월	35×80cm, 흰색	장	5장 이상	습포, 건포용
7	헤어터번(밴드)	벨크로(찍찍이)형	개	1	분홍색 or 흰색
8	여성모델용 가운 및 겉가운	밴드(고무줄, 벨크로)형 일반형(겉가운)	벌	1	분홍색 or 흰색
9	남성모델용 옷	박스형 반바지 & 반팔 T-셔츠	벌	1	하의-베이지 or 남색 상의-흰색
10	모델용 슬리퍼		켤레	1	
11	필기도구	볼펜	자루	1	검은색 or 청색
12	알코올 및 분무기		개	1	필요량
13	일반솜		봉	1	탈지면, 필요량
14	비닐봉지, 비닐백	소형	장	각 1	쓰레기처리용, 습포보관용 (두꺼운 비닐백)
15	미용솜		통	1	화장솜
16	면봉		봉	1	필요량
17	티슈		통	1	필요량
18	붓(바디용 불가)	클렌징, 팩용	개	2	바디용 불가
19	해면		세트	1	필요량
20	스파츌라		개	3	클렌징, 팩용
21	보울(bowl)		개	3	클렌징, 팩 등
22	가위	소형	개	1	눈썹정리, 제모
23	족집게		개	1	눈썹정리, 제모
24	브러시		개	1	눈썹정리, 제모
25	눈썹 칼	safety razer	개	1	눈썹정리
26	거즈		장	1	

일련 번호	재료명	규격	단위	수량	비고
27	아이패드		개	2	거즈, 화장솜 가능
28	나무 스파츌라		개	1	제모용
29	부직포	7×20cm	장	1	제모용
30	장갑	라텍스	켤레	1	제모용
31	종이컵	100ml	개	1	제모용
32	보관통	컵형	개	2	스파츌라, 붓 등
33	보관통	뚜껑달린 통	개	2	알코올 솜 등
34	해면볼	소형	개	1	
35	바구니		개	2	정리용 사각
36	트레이(쟁반)	소형	개	1	습포용
37	효소		개	1	파우더형
38	고마쥐		개	1	크림형 or 젤형
39	AHA	함량 10% 이하	개	1	액체형
40	스크럽제		개	1	크림형 or 젤형
41	팩	크림 타입	set	1	정상, 건성, 지성
42	스킨토너(화장수)		개	1	모든 피부용
43	크림, 오일	매뉴얼 테크닉용	개	1	모든 피부용
44	탈컴 파우더		개	1	제모용
45	진정로션 혹은 젤		개	1	제모용
46	영양크림		개	1	모든 피부용
47	아이 및 립크림		개	1	모든 피부용 (공용사용가능)
48	포인트 메이크업 리무버	아이, 립	개	1	모든 피부용
49	클렌징 제품	얼굴 등	개	1	모든 피부용
50	고무볼	중형	개	1	마스크용
51	석고 마스크	파우더 타입	개	1	1인 사용량
52	고무 모델링 마스크	파우더 타입	개	1	1인 사용량
53	베이스크림	크림 타임	개	1	석고 마스크용
54	모델		명	1	모델 기준 참조

※ 공개문제 및 수험자 지참 준비물에 언급된 도구 및 재료 중 기타 실기시험에서 요구한 작업 내용에 영향을 주지 않는 범위 내에서 수험자가 피부 미용 작업에 필요하다고 생각되는 재료 및 도구는 추가 지참할 수 있습니다.

※ 타월류의 경우 비슷한 크기이면 무방합니다.

※ 팩과 마스크, 딥 클렌징용 제품을 제외한 다른 모든 화장품은 모든 피부용을 지참하십시오.

※ 바구니의 경우 왜건 크기보다 그면 사용할 수 없습니다.

※ 부직포는 지정된 길이에 맞게 미리 잘라서 오시면 됩니다.

※ 모델 기준 : 만 14세 이상의 신체 건강한 남, 여(년도 기준)로 아래의 조건에 해당하지 않아야 합니다.

　ㄱ 심한 민감성 피부 혹은 심한 농포성 여드름이 있는 사람 등 피부 관리에 적합하지 않은 피부 질환을 가진 사람

　ㄴ 성형수술(코, 눈, 턱윤곽술, 주름 제거 등)한 지 6개월 이내인 사람

　ㄷ 호흡기 질환, 민감성 피부, 알레르기 등이 있는 자

　ㄹ 임신 중인 자

　ㅁ 정신질환자

※ 수험자가 동반한 모델도 신분증을 지참하여야 하며, 공단에서 지정한 신분증을 지참하지 않은 경우, 모델로 시험에 참여가 불가능합니다.

※ 젤리화, 크록스화, 벨크로형(찍찍이) 형태의 실내화 등도 지참 가능하며 감정사항에 해당되지 않습니다.

※ 여성 수험자는 여성 모델을, 남성 수험자는 남성 모델을 준비하시면 되며, 사전에 대동한 모델에게 작업에 요구되는 노출에 대한 동의를 받으셔야 합니다.

※ 수험자의 복장 상태 중 위생복 속 반팔 또는 긴팔 티셔츠가 밖으로 나온 것도 감정사항에 해당됨을 양지 바랍니다.

※ 재료에 관련된 자세한 사항은 홈페이지(www.hrdkorea.or.kr) 공지사항 및 FAQ 안내사항, 큐넷(www.q-net.or.kr)의 수험자 지참 재료목록 등을 참고로 하십시오.

※ 적용시기 : 2021년 상시 실기검정 제1회 시행 시부터

피부미용사 실기시험 준비하기

위생	손톱 및 복장이 청결해야 한다.
재료 및 기구 준비	① 모든 준비물이 세팅되어야 한다. ② 타 수험자에게 준비물을 빌리는 행위는 감점의 요인이 된다.
정돈	① 모델이 편안한 상태를 유지해야 한다. ② 주변을 깨끗하게 정리, 정돈해야 한다(시작과 종료 시 까지).

💬 수험자

수험자는 반드시 위생복(상의는 흰색 반팔 가운, 하의는 흰색 긴 바지로 모든 복식은 흰색으로 통일한다. 단, 머리 장식품(핀 등)을 사용 시에는 검은 색 착용), 마스크 및 실내화(색상은 흰색 통일)를 착용하여야 하며, 복장 등에 소속을 나타내거나 암시하는 표시가 없어야 하고 눈에 띄어 표식이 될 수 있는 액세서리의 착용을 금지한다.

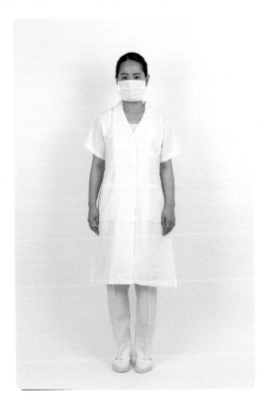

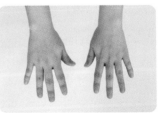

💬 모델

모델은 반드시 화장(파운데이션, 마스카라, 아이라인, 아이섀도, 눈썹 및 입술 화장(립스틱 사용 등))
이 되어 있어야 한다(남자모델의 경우도 동일).

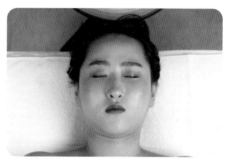

💬 왜건

① 상단 : 클렌징 로션, 토너, 메이크업 리무버, 면봉, 스파츌라, 티
슈, 마른 수건, 보관통, 딥 클렌징 제품, 족집게, 눈썹 칼,
눈썹 가위, 눈썹 브러시, 화장솜, 팩 붓, 매뉴얼 테크닉 제
품(오일 또는 크림), 흑색(또는 청색) 필기도구, 팩, 아이
크림, 립크림, 영양크림, 유리볼, 고무모델링 마스크, 석
고 마스크, 석고 베이스크림, 고무볼
② 중단 : 해면, 물이 들어있는 볼, 해면을 넣은 볼, 쟁반
③ 하단 : 바구니, 티슈

◀ 왜건 전체

▲ 상단

▲ 중단

▲ 하단

💬 베드

▲ 대타월(2장)

① 대타월을 베드에 깔고, 모델을 덮는 용도의 다른 대타월은 3분의 1 가량 접어서 깔아둔다.

▲ 소타월(1장), 헤어터번

② 헤어터번과 앞섶용 소타월을 깔고 대타월을 접어 소타월의 위를 감싼다.

> **Tip** 헤어터번의 접착면 중 거친 부분이 바닥을 향하도록 펼침

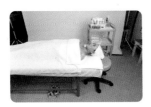

③ 관리 부위를 제외한 나머지 부위는 노출이 없도록 타월로 덮어둔다. (단, 팔은 노출이 가능)

💬 헤어터번(밴드) 씌우기

① 머리카락이 빠져나오지 않도록 정리한 후, 머리 옆면을 잡고 헤어터번 한쪽을 이마라인에 두른다.

② 한 손으로 터번을 잡고 반대쪽 손으로 머리카락을 빠져나오지 않도록 정리한 후 터번을 두른다.

③ 터번의 접착면이 맞닿도록 한 후 가지런히 정리한다.

1 과제

얼굴 관리

얼굴 관리 학습(NCS)의 개요

학습 목표

피부 분석을 통해 고객의 피부 타입을 알아보고 신체에 적합한 미용기기와 화장품을 이용하여 서비스를 제공하는 직무 수행을 목표로 한다.

선수학습

❶ 피부미용 실무를 위한 준비 및 위생사항 점검을 수행할 수 있다.

❷ 피부의 타입에 따른 클렌징 및 딥 클렌징을 할 수 있다.

❸ 피부의 타입별 분석표를 작성할 수 있다.

❹ 눈썹정리 및 제모 작업을 수행할 수 있다.

❺ 손을 이용한 얼굴 관리를 수행할 수 있다.

❻ 피부 타입에 따른 팩 작업을 수행할 수 있다.

❼ 피부 타입에 따른 마스크 작업을 수행할 수 있다.

내용체계

학습	학습 내용	요소 명칭
1. 피부 분석하기	1-1. 피부 분석	피부 상태 분석 평가하기
2. 클렌징하기	2-1. 클렌징	클렌징 평가하기
3. 눈썹정리하기	3-1. 눈썹정리	눈썹정리 평가하기
4. 딥 클렌징하기	4-1. 딥 클렌징	딥 클렌징 평가하기
5. 손을 이용한 관리하기	5-1. 매뉴얼 테크닉	매뉴얼 테크닉 평가하기
6. 팩 관리하기	6-1. 팩	팩 평가하기
7. 마스크 관리하기	7-1. 마스크	마스크 평가하기

얼굴 관리 실기시험문제

순서	작업명	요구내용	시간	비고
1	관리계획표 작성	제시된 피부 타입 및 제품을 적용한 피부 관리계획을 작성하시오.	10분	
2	클렌징	지참한 제품을 이용하여 포인트 메이크업을 지우고 관리범위를 클렌징한 후, 코튼 또는 해면을 이용하여 제품을 제거하고, 피부를 정돈하시오.	15분	도포 후 문지르기는 2~3분 정도 유지하시오.
3	눈썹정리	족집게와 가위, 눈썹 칼을 이용하여 얼굴형에 맞는 눈썹 모양을 만들고, 보기에 아름답게 눈썹을 정리하시오.	5분	눈썹을 뽑을 때 감독확인하에 작업하시오(한쪽 눈썹에만 작업하시오).
4	딥 클렌징	스크럽, AHA, 고마쥐, 효소의 4가지 타입 중 지정된 제품을 이용하여 얼굴에 딥 클렌징한 후, 피부를 정돈하시오.	10분	제시된 지정 타입만 사용하시오.
5	손을 이용한 관리 (매뉴얼 테크닉)	화장품(크림 혹은 오일 타입)을 관리 부위에 도포하고, 적절한 동작을 사용하여 관리한 후, 피부를 정돈하시오.	15분	
6	팩	팩을 위한 기본 전처리를 실시한 후, 제시된 피부 타입에 적합한 제품을 선택하여 관리 부위에 적당량을 도포하고, 일정시간 경과 뒤 팩을 제거한 후, 피부를 정돈하시오.	10분	팩을 도포한 부위는 코튼으로 덮지 마시오.
7	마스크 및 마무리	마스크를 위한 기본 전처리를 실시한 후, 지정된 제품을 선택하여 관리 부위에 작업하고, 일정시간 경과 뒤 마스크를 제거한 다음 피부를 정돈한 후 최종 마무리와 주변 정리를 하시오.	20분	제시된 지정 마스크만 사용하시오.

❶ 지참 재료 중 바구니는 왜건의 크기(가로×세로)보다 큰 것은 사용할 수 없습니다.

❷ 관리계획표는 제시된 조건에 맞는 내용으로 시험에서의 작업에 의거하여 작성하시오.

❸ 필기도구는 흑색(혹은 청색) 볼펜만을 사용하여 작성하시오.

❹ 눈썹정리 시 족집게를 이용하여 눈썹을 뽑을 때는 감독위원의 입회하에 실시하되, 감독위원의 지시를 따르시오(작업을 하고 있다가 감독위원이 지시하면 족집게를 사용하며, 작업을 하지 않고 기다리지 마시오).

❺ 팩은 요구되는 피부 타입에 따라 제품을 선택하여 사용하고, 붓 또는 스파츌라를 사용하여 관리 부위에 도포하시오.

❻ 마스크의 작업 부위는 얼굴에서 목 경계 부위까지로 작업 시 코와 입에 호흡을 할 수 있도록 해야 합니다.

❼ 얼굴 관리 중 클렌징, 손을 이용한 관리, 팩 작업에서의 관리범위는 얼굴부터 데콜테(가슴(Breast)은 제외)까지를 말하며, 겨드랑이 안쪽 부위는 제외됩니다.

❽ 모든 작업은 총작업시간의 90% 이상을 사용하시오(단, 관리계획표 작성은 제외).

10분

국가기술자격검정 실기시험문제

자격종목	미용사(피부)	세부작업명	관리계획표 작성

비번호:

※ 시험시간 : [표준시간 : 2시간 15분]

　　　　　　 – 1과제 세부과제 : 10분

※ 아래 예시에서 주어진 조건에 맞는 관리계획표를 작성하시오.

　1. 얼굴의 피부 타입은 팩 사용의 부위별 피부 타입을 기준으로 결정하시오.

　　(단, T–존과 U–존의 피부 타입만으로 판단하며, 피부의 유 · 수분 함량을 기준으로 한 타입(건성, 중성(정상), 지성, 복합성)만으로 구분하시오)

　2. 팩 사용을 위한 부위별 피부 상태(타입)

　　• T–존 :

　　• U–존 :

　　• 목 부위 :

　3. 딥 클렌징 사용제품 :

　4. 마스크 :

※ 기타 유의사항

　1) 관리계획표상의 클렌징, 매뉴얼 테크닉용 화장품은 본인이 시험장에서 사용하는 제품의 제형을 기준으로 한다.

관리계획 차트(Care Plan Chart)

비번호		형별		시험일자	20 . . . (부)

관리목적 및 기대효과	관리목적 :
	기대효과 :

클렌징	□ 오일　　□ 크림　　□ 밀크/로션　　□ 젤
딥 클렌징	□ 고마쥐(gommage)　□ 효소(enzyme)　□ AHA　□ 스크럽
매뉴얼 테크닉 제품 타입	□ 오일　　□ 크림
손을 이용한 관리 형태	□ 일반　　□ 림프

팩	T-존 : □ 건성타입 팩　　□ 정상타입 팩　　□ 지성타입 팩
	U-존 : □ 건성타입 팩　　□ 정상타입 팩　　□ 지성타입 팩
	목 부위 : □ 건성타입 팩　　□ 정상타입 팩　　□ 지성타입 팩

마스크	□ 석고 마스크　　□ 고무모델링 마스크

고객 관리계획	1주 :
	2주 :
	3주 :
	4주 :

자가 관리 조언 (홈케어)	제품을 사용한 관리 :
	기타 :

※ 관리계획표는 요구하는 피부 타입에 맞추어 시험장에서의 관리를 기준으로 하시오.

※ 고객 관리계획은 향후 주 단위의 관리계획을, 자가 관리 조언은 가정에서의 제품 사용을 위주로 간단하고 명료하게 작성하며 수정 시 두 줄로 긋고 다시 쓰시오.

※ 향후 관리는 총 기간을 4주로 하고 각 주 관리에 대한 내용을 기술
　ex) 클렌징 → 딥 클렌징(효소, 고마쥐, 스크럽, AHA 중 택 1) → 매뉴얼 테크닉 → 크림팩(타입 표기) → 크림(타입 표기)

※ 체크하는 부분은 주가 되는 하나만 하시오.

※ 고객 관리계획에서 마스크에 대한 사항을 제외하며, 마무리에 대한 사항은 작성하시오.

Section 2 피부 타입별 관리계획표

1 T존과 U존이 정상인 피부

국가기술자격검정 실기시험문제

자격종목	미용사(피부)	세부작업명	관리계획표 작성

비번호:

• 세부작업 : 관리계획표 작성

• 시험시간 : 10분

※ 아래 예시에서 주어진 조건에 맞는 관리계획표를 작성하시오.

1. 얼굴의 피부 타입은 팩 사용의 부위별 피부 타입을 기준으로 결정하시오.

　(단, T-존과 U-존의 피부 타입만으로 판단하며, 피부의 유ㆍ수분 함량을 기준으로 한 타입(건성, 중성, 지성)
　만으로 구분할 것)

2. 팩 사용을 위한 부위별 피부 상태(타입)

　• T-존 : 피부결이 곱고, 피부 수분 함량이 12% 정도 되며 촉촉하다.

　• U-존 : 모공이 크지 않고, 피부 표면이 매끄러워 주름이 거의 나타나지 않는다.

　• 목 부위 : 피부가 두껍고, 화장이 오래 지속되지 않으며 잘 지워진다.

3. 딥 클렌징 사용제품 : 고마쥐

4. 마스크 : 고무모델링 마스크

※ 기타 유의사항

1) 관리 계획표상의 클렌징, 매뉴얼 테크닉용 화장품은 본인이 시험장에서 사용하는 제품의 제형을 기준으로 한다.

관리계획 차트(Care Plan Chart)

비번호		형별		시험일자	20 . . . (부)

관리목적 및 기대효과	관리목적 : T존과 U존이 정상피부 타입으로 정상피부가 유지될 수 있도록 피지선과 한선의 유·수분 밸런스가 깨지지 않도록 관리하며, 목 부위는 피지선의 분비기능을 억제하는 관리를 목적으로 한다.
	기대효과 : 유·수분 밸런스를 맞추어 건강한 피부 상태를 기대할 수 있다.
클렌징	☐ 오일 ☐ 크림 ☐ 밀크/로션 ☐ 젤
딥 클렌징	☐ 고마쥐(gommage) ☐ 효소(enzyme) ☐ AHA ☐ 스크럽
매뉴얼 테크닉 제품 타입	☐ 오일 ☐ 크림
손을 이용한 관리 형태	☐ 일반 ☐ 림프
팩	T-존 : ☐ 건성타입 팩 ☐ 정상타입 팩 ☐ 지성타입 팩
	U-존 : ☐ 건성타입 팩 ☐ 정상타입 팩 ☐ 지성타입 팩
	목 부위 : ☐ 건성타입 팩 ☐ 정상타입 팩 ☐ 지성타입 팩
마스크	☐ 석고 마스크 ☐ 고무모델링 마스크
고객 관리계획	1주 : 클렌징 – 딥 클렌징(스크럽) – 매뉴얼 테크닉 – T존과 U존은 콜라겐 팩, 목 부위는 클레이 팩 – 토너 – 아이크림 – 영양크림
	2주 : 클렌징 – 딥 클렌징(효소) – 매뉴얼 테크닉 – T존과 U존은 해초 팩, 목 부위는 머드 팩 – 토너 – 아이크림 – 영양크림
	3주 : 클렌징 – 딥 클렌징(AHA) – 매뉴얼 테크닉 – T존과 U존은 콜라겐 팩, 목 부위는 클레이 팩 – 토너 – 아이크림 – 영양크림
	4주 : 클렌징 – 딥 클렌징(고마쥐) – 매뉴얼 테크닉 – T존과 U존은 보습 팩, 목 부위는 머드 팩 – 토너 – 아이크림 – 영양크림
자가 관리 조언 (홈케어)	제품을 사용한 관리 : 오전 : 세안 – 화장수 정돈 – 아이크림 – 데이크림 – 자외선 차단제 밤 : 클렌징 – 화장수 정돈 – 아이크림 – 나이트영양크림
	기타 : 주 1회 딥 클렌징과 정상 팩을 하도록 권유한다.

2 T존과 U존이 지성인 피부

국가기술자격검정 실기시험문제

자격종목	미용사(피부)	세부작업명	관리계획표 작성

비번호:

- 세부작업: 관리계획표 작성
- 시험시간: 10분

※ 아래 예시에서 주어진 조건에 맞는 관리계획표를 작성하시오.

1. 얼굴의 피부 타입은 팩 사용의 부위별 피부 타입을 기준으로 결정하시오.

   (단, T-존과 U-존의 피부 타입만으로 판단하며, 피부의 유·수분 함량을 기준으로 한 타입(건성, 중성, 지성) 만으로 구분할 것)

2. 팩 사용을 위한 부위별 피부 상태(타입)
   - T-존 : 피부가 심하게 번들거리고 거칠며 모공이 보인다.
   - U-존 : 모공이 크고, 깊은 주름이 보인다.
   - 목 부위 : 피부결이 촘촘하고 부드러우며, 피지가 적당히 있다.

3. 딥 클렌징 사용제품 : 효소

4. 마스크 : 고무모델링 마스크

※ 기타 유의사항
1) 관리 계획표상의 클렌징, 매뉴얼 테크닉용 화장품은 본인이 시험장에서 사용하는 제품의 제형을 기준으로 한다.

관리계획 차트(Care Plan Chart)

비번호		형별		시험일자	20 . . . (부)

관리목적 및 기대효과	관리목적 : T존과 U존이 지성피부로 피지선의 분비기능을 억제시키고 과도한 각질을 제거하는 관리와 목 부위는 정상타입으로 유·수분 밸런스 맞추는 관리를 목적으로 한다.
	기대효과 : 유·수분 밸런스를 맞추어 과도한 피지분비 억제를 기대할 수 있다.
클렌징	☐ 오일 ☐ 크림 ☑ 밀크/로션 ☐ 젤
딥 클렌징	☐ 고마쥐(gommage) ☑ 효소(enzyme) ☐ AHA ☐ 스크럽
매뉴얼 테크닉 제품 타입	☐ 오일 ☑ 크림
손을 이용한 관리 형태	☑ 일반 ☐ 림프
팩	T-존 : ☐ 건성타입 팩 ☐ 정상타입 팩 ☑ 지성타입 팩
	U-존 : ☐ 건성타입 팩 ☐ 정상타입 팩 ☑ 지성타입 팩
	목 부위 : ☐ 건성타입 팩 ☑ 정상타입 팩 ☐ 지성타입 팩
마스크	☐ 석고 마스크 ☑ 고무모델링 마스크
고객 관리계획	1주 : 클렌징 – 딥 클렌징(효소) – 매뉴얼 테크닉 – T존과 U존은 머드 팩, 목 부위는 보습 팩 – 토너 – 아이크림 – 수분크림
	2주 : 클렌징 – 딥 클렌징(AHA) – 매뉴얼 테크닉 – T존과 U존은 클레이 팩, 목 부위는 콜라겐 팩 – 토너 – 아이크림 – 수분크림
	3주 : 클렌징 – 딥 클렌징(효소) – 매뉴얼 테크닉 – T존과 U존은 퓨리파잉 팩, 목 부위는 수분 팩 – 토너 – 아이크림 – 수분크림
	4주 : 클렌징 – 딥 클렌징(AHA) – 매뉴얼 테크닉 – T존과 U존은 클레이 팩, 목 부위는 콜라겐 팩 – 토너 – 아이크림 – 수분크림
자가 관리 조언 (홈케어)	제품을 사용한 관리 : 오전 : 클렌징 – 화장수 정돈 – 아이크림 – 피지조절 앰플 – 피지조절 크림 – 자외선 차단제 밤 : 클렌징 – 화장수 정돈 – 아이크림– 오일프리 수분크림
	기타 : 주 1회 수렴효과가 있는 지성 팩을 권유한다.

3 T존과 U존이 건성인 피부

국가기술자격검정 실기시험문제

자격종목	미용사(피부)	세부작업명	관리계획표 작성

비번호:

_____

• 세부작업: 관리계획표 작성

• 시험시간: 10분

※ 아래 예시에서 주어진 조건에 맞는 관리계획표를 작성하시오.

1. 얼굴의 피부 타입은 팩 사용의 부위별 피부 타입을 기준으로 결정하시오.

   (단, T-존과 U-존의 피부 타입만으로 판단하며, 피부의 유·수분 함량을 기준으로 한 타입(건성, 중성, 지성)

   만으로 구분할 것)

2. 팩 사용을 위한 부위별 피부 상태(타입)

   • T-존 : 육안으로 보기에는 윤기가 있으나 주름이 있고 건조하다.

   • U-존 : 피부가 푸석푸석하고, 버짐이 일어난다.

   • 목 부위 : 유분과 수분의 밸런스가 좋아 촉촉하며 윤기가 있다.

3. 딥 클렌징 사용제품 : 스크럽

4. 마스크 : 고무모델링 마스크

※ 기타 유의사항

1) 관리 계획표상의 클렌징, 매뉴얼 테크닉용 화장품은 본인이 시험장에서 사용하는 제품의 제형을 기준으로 한다.

관리계획 차트(Care Plan Chart)

비번호		형별		시험일자	20 . . . (부)

관리목적 및 기대효과	관리목적 : T존과 U존이 건성피부로 피지선 분비기능을 촉진시키고 목 부위도 수분을 공급할 수 있는 관리를 한다.
	기대효과 : 유·수분 밸런스를 맞추어 조기노화의 예방을 기대할 수 있다.
클렌징	□ 오일　　□ 크림　　☑ 밀크/로션　　□ 젤
딥 클렌징	□ 고마쥐(gommage)　□ 효소(enzyme)　□ AHA　☑ 스크럽
매뉴얼 테크닉 제품 타입	□ 오일　☑ 크림
손을 이용한 관리 형태	☑ 일반　□ 림프
팩	T-존 : ☑ 건성타입 팩　□ 정상타입 팩　□ 지성타입 팩
	U-존 : ☑ 건성타입 팩　□ 정상타입 팩　□ 지성타입 팩
	목 부위 : □ 건성타입 팩　☑ 정상타입 팩　□ 지성타입 팩
마스크	□ 석고 마스크　☑ 고무모델링 마스크
고객 관리계획	1주 : 클렌징 – 딥 클렌징(효소) – 매뉴얼 테크닉 – 수분 팩 – 토너 – 아이크림 – 영양크림
	2주 : 클렌징 – 딥 클렌징(고마쥐) – 매뉴얼 테크닉 – 히알루론산 팩 – 토너 – 아이크림 – 영양크림
	3주 : 클렌징 – 딥 클렌징(스크럽) – 매뉴얼 테크닉 – 콜라겐 팩 – 토너 – 아이크림 – 영양크림
	4주 : 클렌징 – 딥 클렌징(효소) – 매뉴얼 테크닉 – 보습 팩 – 토너 – 아이크림 – 영양크림
자가 관리 조언 (홈케어)	제품을 사용한 관리 : 오전 : 클렌징 – 화장수 정돈 – 아이크림 – 수분 앰플 – 수분 데이크림 – 자외선 차단제 밤 : 클렌징 – 화장수 정돈 – 아이크림 – 수분 앰플 – 수분 나이트크림
	기타 : 일주일에서 10일에 1회 정도 딥 클렌징을 실시하고 잦은 사우나는 삼가도록 한다.

4 복합성피부(T존 정상 + U존 건성)

국가기술자격검정 실기시험문제

자격종목	미용사(피부)	세부작업명	관리계획표 작성

비번호:

- 세부작업: 관리계획표 작성
- 시험시간: 10분

※ 아래 예시에서 주어진 조건에 맞는 관리계획표를 작성하시오.

1. 얼굴의 피부 타입은 팩 사용의 부위별 피부 타입을 기준으로 결정하시오.

   (단, T-존과 U-존의 피부 타입만으로 판단하며, 피부의 유 · 수분 함량을 기준으로 한 타입(건성, 중성, 지성)
   만으로 구분할 것)

2. 팩 사용을 위한 부위별 피부 상태(타입)
   - T-존 : 각질이 일어나지 않고, 기미, 주근깨가 없다.
   - U-존 : 각질이 일어나고, 모세혈관이 확장되기 쉽다.
   - 목 부위 : 모공이 눈에 크게 띄며, 깊은 주름이 보인다.

3. 딥 클렌징 사용제품 : 스크럽

4. 마스크 : 석고 마스크

※ 기타 유의사항
1) 관리 계획표상의 클렌징, 매뉴얼 테크닉용 화장품은 본인이 시험장에서 사용하는 제품의 제형을 기준으로 한다.

관리계획 차트(Care Plan Chart)

비번호		형별		시험일자	20 . . . (부)

관리목적 및 기대효과	관리목적 : T존은 정상피부가 유지될 수 있도록 피지선과 한선의 유·수분 밸런스가 깨지지 않도록 관리한다. U존은 건성피부로 피지선 분비기능을 촉진시키고 수분을 공급할 수 있는 관리를 한다. 목 부위는 지성피부로 피지선의 분비기능을 억제시키고 과도한 각질을 제거하는 관리를 목적으로 한다.
	기대효과 : 유·수분 밸런스를 맞추어 건강한 피부를 기대할 수 있다.
클렌징	□ 오일　　□ 크림　　☑ 밀크/로션　　□ 젤
딥 클렌징	□ 고마쥐(gommage)　□ 효소(enzyme)　□ AHA　☑ 스크럽
매뉴얼 테크닉 제품 타입	□ 오일　　☑ 크림
손을 이용한 관리 형태	☑ 일반　　□ 림프
팩	T-존 : □ 건성타입 팩　　☑ 정상타입 팩　　□ 지성타입 팩
	U-존 : ☑ 건성타입 팩　　□ 정상타입 팩　　□ 지성타입 팩
	목 부위 : □ 건성타입 팩　　□ 정상타입 팩　　☑ 지성타입 팩
마스크	☑ 석고 마스크　　□ 고무모델링 마스크
고객 관리계획	1주 : 클렌징 – 딥 클렌징(고마쥐) – 매뉴얼 테크닉 – T존과 U존은 콜라겐 팩, 목 부위는 클레이 팩 – 토너 – 아이크림 – 영양크림
	2주 : 클렌징 – 딥 클렌징(효소) – 매뉴얼 테크닉– T존과 U존은 히알루론산 팩, 목 부위는 머드 팩 – 토너 – 아이크림 – 영양크림
	3주 : 클렌징 – 딥 클렌징(고마쥐) – 매뉴얼 테크닉 – T존과 U존은 보습 팩, 목 부위는 차콜 팩 – 토너 – 아이크림 – 영양크림
	4주 : 클렌징 – 딥 클렌징(효소) – 매뉴얼 테크닉 – T존과 U존은 콜라겐 팩, 목 부위는 퓨리파잉 팩 – 토너 – 아이크림 – 영양크림
자가 관리 조언 (홈케어)	제품을 사용한 관리 : 오전 : 클렌징 – 화장수 정돈 – 아이크림 – 수분 앰플 – 수분 데이크림 – 자외선 차단제 밤 : 클렌징 – 화장수 정돈 – 아이크림 – 수분 앰플 – 수분 나이트크림
	기타 : 주 1회 딥 클렌징을 실시한다.

5 복합성피부(T존 지성 + U존 정상)

국가기술자격검정 실기시험문제

자격종목	미용사(피부)	세부작업명	관리계획표 작성

비번호:

- 세부작업: 관리계획표 작성
- 시험시간: 10분

※ 아래 예시에서 주어진 조건에 맞는 관리계획표를 작성하시오.

1. 얼굴의 피부 타입은 팩 사용의 부위별 피부 타입을 기준으로 결정하시오.

   (단, T-존과 U-존의 피부 타입만으로 판단하며, 피부의 유 · 수분 함량을 기준으로 한 타입(건성, 중성, 지성)

   만으로 구분할 것)

2. 팩 사용을 위한 부위별 피부 상태(타입)
   - T-존 : 과다한 피지분비로 인해 번들거리고, 지저분해지기 쉽다.
   - U-존 : 모공이 촘촘해서 피부결이 부드럽고, 피지가 적당히 있다.
   - 목 부위 : 유분과 수분의 밸런스가 좋아 촉촉하며 윤기가 있다.

3. 딥 클렌징 사용제품 : AHA

4. 마스크 : 석고 마스크

※ 기타 유의사항

1) 관리 계획표상의 클렌징, 매뉴얼 테크닉용 화장품은 본인이 시험장에서 사용하는 제품의 제형을 기준으로 한다.

관리계획 차트(Care Plan Chart)

비번호		형별		시험일자	20 . . . (부)

관리목적 및 기대효과	관리목적 : T존은 지성피부로 피지선의 분비기능을 억제시키고 과도한 각질을 제거하며 U존과 목 부위는 정상피부가 유지될 수 있도록 피지선과 한선의 유·수분 밸런스가 깨지지 않도록 관리한다.
	기대효과 : 유·수분 밸런스를 맞춰 건강한 피부를 기대할 수 있다.
클렌징	☐ 오일 ☐ 크림 ☑ 밀크/로션 ☐ 젤
딥 클렌징	☐ 고마쥐(gommage) ☐ 효소(enzyme) ☑ AHA ☐ 스크럽
매뉴얼 테크닉 제품 타입	☐ 오일 ☑ 크림
손을 이용한 관리 형태	☑ 일반 ☐ 림프
팩	T-존 : ☐ 건성타입 팩 ☐ 정상타입 팩 ☑ 지성타입 팩
	U-존 : ☐ 건성타입 팩 ☑ 정상타입 팩 ☐ 지성타입 팩
	목 부위 : ☐ 건성타입 팩 ☑ 정상타입 팩 ☐ 지성타입 팩
마스크	☑ 석고 마스크 ☐ 고무모델링 마스크
고객 관리계획	1주 : 클렌징 – 딥 클렌징(고마쥐) – 매뉴얼 테크닉 – T존은 머드 팩, U존과 목 부위는 보습 팩 – 토너 – 아이크림 – 영양크림
	2주 : 클렌징 – 딥 클렌징(효소) – 매뉴얼 테크닉 – T존은 클레이 팩, U존과 목 부위는 수분 팩 – 토너 – 아이크림 – 영양크림
	3주 : 클렌징 – 딥 클렌징(AHA) – 매뉴얼 테크닉 – T존은 퓨리파잉 팩, U존과 목 부위는 히알루론산 팩 – 토너 – 아이크림 – 영양크림
	4주 : 클렌징 – 딥 클렌징(스크럽) – 매뉴얼 테크닉 – T존은 클레이 팩, U존과 목 부위는 콜라겐 팩 – 토너 – 아이크림 – 영양크림
자가 관리 조언 (홈케어)	제품을 사용한 관리 : 오전 : 클렌징 – 화장수 정돈 – 아이크림 – T존 피지조절 크림 / U존 수분크림 – 자외선 차단제 밤 : 클렌징 – 화장수 정돈 – 아이크림 – 복합성 나이트크림
	기타 : 주 1회 T존은 지성 팩, U존은 정상 팩 사용을 권유한다.

6 복합성피부(T존 지성 + U존 건성)

<table>
<tr><th colspan="4" style="text-align:center">국가기술자격검정 실기시험문제</th></tr>
<tr><td>자격종목</td><td>미용사(피부)</td><td>세부작업명</td><td>관리계획표 작성</td></tr>
</table>

비번호:

_____

• 세부작업: 관리계획표 작성
• 시험시간: 10분

※ 아래 예시에서 주어진 조건에 맞는 관리계획표를 작성하시오.

1. 얼굴의 피부 타인은 팩 사용의 부위별 피부 다입을 기준으로 결정하시오.

   (단, T-존과 U-존의 피부 타입만으로 판단하며, 피부의 유·수분 함량을 기준으로 한 타입(건성, 중성, 지성) 만으로 구분할 것)

2. 팩 사용을 위한 부위별 피부 상태(타입)
   • T-존 : 과다한 피지분비로 인해 번들거리고 지저분해지기 쉬우며, 피지막의 두께가 두껍다. 유분기 코메도 나 1기 여드름이 발생한 피부로 개방형 면포가 보이고, 저항력이 저하되어 있으며 피부가 탁하여 칙칙하고 어둡다.
   • U-존 : 겉으로 보기에는 괜찮으나 볼 부위가 트고 갈라져 있다.
   • 목 부위 : 피지선 분비가 원활하지 않으며 건조하고 당긴다.

3. 딥 클렌징 사용제품 : 효소

4. 마스크 : 석고 마스크

※ 기타 유의사항
1) 관리 계획표상의 클렌징, 매뉴얼 테크닉용 화장품은 본인이 시험장에서 사용하는 제품의 제형을 기준으로 한다.

관리계획 차트(Care Plan Chart)

비번호		형별		시험일자	20 . . . (부)

관리목적 및 기대효과	관리목적 : T존은 지성피부로 피지선의 분비기능을 억제시키고 과도한 각질을 제거하며 U존과 목 부위는 건성피부로 피지선 분비기능을 촉진시키고 수분을 공급할 수 있는 관리를 한다.
	기대효과 : 유 · 수분 밸런스를 맞추어 건강한 피부를 기대할 수 있다.
클렌징	☐ 오일　☐ 크림　☑ 밀크/로션　☐ 젤
딥 클렌징	☐ 고마쥐(gommage)　☑ 효소(enzyme)　☐ AHA　☐ 스크럽
매뉴얼 테크닉 제품 타입	☐ 오일　☑ 크림
손을 이용한 관리 형태	☑ 일반　☐ 림프
팩	T-존 : ☐ 건성타입 팩　☐ 정상타입 팩　☑ 지성타입 팩
	U-존 : ☑ 건성타입 팩　☐ 정상타입 팩　☐ 지성타입 팩
	목 부위 : ☑ 건성타입 팩　☐ 정상타입 팩　☐ 지성타입 팩
마스크	☑ 석고 마스크　☐ 고무모델링 마스크
고객 관리계획	1주 : 클렌징 – 딥 클렌징(고마쥐) – 매뉴얼 테크닉 – T존은 머드 팩, U존과 목 부위는 수분 팩 – 토너 – 아이크림 – 영양크림
	2주 : 클렌징 – 딥 클렌징(효소) – 매뉴얼 테크닉 – T존은 클레이 팩, U존과 목 부위는 히알루론산 팩 – 토너 – 아이크림 – 영양크림
	3주 : 클렌징 – 딥 클렌징(AHA) – 매뉴얼 테크닉 – T존은 퓨리파잉 팩, U존과 목 부위는 콜라겐 팩 – 토너 – 아이크림 – 영양크림
	4주 : 클렌징 – 딥 클렌징(스크럽) – 매뉴얼 테크닉 – T존은 클레이 팩, U존과 목 부위는 보습 팩 – 토너 – 아이크림 – 영양크림
자가 관리 조언 (홈케어)	제품을 사용한 관리 : 오전 : 클렌징 – 화장수 정돈 – 아이크림 – T존 피지조절 크림 / U존 수분크림 – 자외선 차단제 밤 : 클렌징 – 화장수 정돈 – 아이크림 – 복합성 나이트크림
	기타 : 주 1회 T존은 머드 팩, U존은 보습 팩 사용을 권유한다.

팩 사용을 위한 부위별 피부 상태 예시

❶ **T존** : 피지분비가 심하며 모공이 크고 넓다(지성).
　U존 : 피부결이 곱고 피부 수분 함량이 12% 정도 되며 촉촉하다(정상).
　목 부위 : 피부가 거칠고 늘어져 있어 건조하다(건성).

❷ **T존** : 모공이 촘촘하여 보기 좋은 피부로 주름이 없고 촉촉하다(정상).
　U존 : 번들거림이 심한 피부이고 모공이 보이며 피부가 두껍다(지성).
　목 부위 : 수분이 촉촉해서 보기 좋은 피부로 주름이나 색소가 없다(정상).

❸ **T존** : 피지가 많고 번들거리고 화장이 잘 지워진다(지성).
　U존 : 피부가 거칠고 모공이 좁다(건성).
　목 부위 : 건조하고 주름이 있으며 늘어짐이 보인다(건성).

❹ **T존** : 모공이 넓고 피지가 과하게 분비되어 있다(지성).
　U존 : 각질이 많고 일어나며 무석하다(건성).
　목 부위 : 건조하고 주름이 있다(건성).

❺ **T존** : 심하게 번들거리고 거칠며 모공이 보인다(지성).
　U존 : 모공이 크고 깊은 주름이 보인다(지성).
　목 부위 : 건조하고 늘어짐이 있다(건성).

❻ **T존** : 모공이 넓고 거칠며 피지가 많다(지성).
　U존 : 피부결이 촘촘하고 부드러우며 피지가 적당히 있다(정상).
　목 부위 : 피부결이 섬세하고 윤기가 나서 촉촉하다(정상).

❼ **T존** : 매끄럽고 여드름과 흉터가 없으며 부드럽다(정상).
　U존 : 유분기가 많으며 모공이 크고 화장이 잘 지워진다(지성).
　목 부위 : 건조하고 거칠며 순환이 잘 안 되어 보인다(건성).

❽ **T존** : 유분감이 많고 예민하지 않으며 모공이 크다(지성).
　U존 : 피지와 수분이 적당하고 트러블이나 잡티가 없으며 부드럽다(정상).
　목 부위 : 순환이 안 되고 건조하며 탄력이 없다(건성).

❾ **T존** : 모공이 크고 여드름이 있으며 거칠다(지성).
　U존 : 유·수분이 충분하고 피부가 촉촉하며 당김이 없다(정상).
　목 부위 : 건조하며 주름이 있고 갈라져 있다(건성).

팩 사용을 위한 부위별 피부 상태 예시

⑩ **T존** : 번들거리고 유분이 많으며 각질층이 두껍다(지성).

　U존 : 모공이 크고 각질이 두꺼우며 볼 주위에 굵고 깊은 주름이 있다(지성).

　목 부위 : 윤기가 있고 촉촉하며, 부드럽고 탄력이 있다(정상).

⑪ **T존** : 모공이 촘촘하고 피부가 촉촉하며 윤기가 있다(정상).

　U존 : 겉으로 보기에는 괜찮으나 볼 부위가 트고 갈라지며 건조하다(건성).

　목 부위 : 주름이 없고 탄력이 있다(정상).

⑫ **T존** : 모공이 넓고 피지분비가 많다(지성).

　U존 : 잡티가 없고 모공이 촘촘하며 맑고 촉촉하다(정상).

　목 부위 : 주름이 없고 촉촉하다(정상).

⑬ **T존** : 모공이 크고 번들거린다(지성).

　U존 : 잡티가 없고 모공이 작으며 피부가 촉촉하다(정상).

　목 부위 : 푸석하고 거칠다(건성).

⑭ **T존** : 유분이 많고 모공이 크며 번들거린다(지성).

　U존 : 피부결이 곱고 촉촉하며 피부 표면의 수분량이 12% 이상이다(정상).

　목 부위 : 건조하고 수분이 부족하다(건성).

⑮ **T존** : 피지분비가 심하며 모공이 크고 넓다(지성).

　U존 : 피부결이 곱고 피부 수분 함량이 12% 정도 되며 촉촉하다(정상).

　목 부위 : 피부가 거칠고 늘어져 있어 건조하다(건성).

⑯ **T존** : 유 · 수분이 적절하게 있고 여드름 흉터나 잡티가 없으며 피부 표면이 매끄럽다(정상).

　U존 : 피부가 두껍고 화장이 오래 지속되지 않으며 잘 지워진다(지성).

　목 부위 : 보기에는 윤기가 나나 주름이 있고 건조하다(건성).

⑰ **T존** : 피부가 섬세하며 육안으로 볼 때 윤기가 보이고 매끄러운 피부이다(정상).

　U존 : 피부가 거칠고 각질이 보인다(건성).

　목 부위 : 수분량이 12% 이상이며 촉촉하다(정상).

⑱ **T존** : 기름기가 많고 번들거리며 모공이 넓다(지성).

　U존 : 모공이 넓고 각질이 두꺼우며 주름이 깊다(지성).

　목 부위 : 부드럽고 탄력이 있으며 촉촉하다(정상).

팩 사용을 위한 부위별 피부 상태 예시

⑲ T존 : 피지분비가 많고 유분이 강하다(지성).
    U존 : 모공이 눈에 크게 띄며 깊은 주름이 보인다(지성).
    목 부위 : 피부가 푸석푸석하고 버짐이 일어난다(건성).

⑳ T존 : 매끄럽고 여드름도 없고 흉터도 없으며 부드럽다(정상).
    U존 : 겉으로 보기에는 괜찮으나 볼 부위가 트고 갈라져 있다(건성).
    목 부위 : 소구와 소릉의 높이 차가 심하지 않으며 선명하지 않다(건성).

㉑ T존 : 과다한 피지분비로 인해 번들거리고 지저분해지기 쉬우며, 피지막의 두께가 두껍다. 유분기 코메도나 1기 여드름이 발생하는 피부 유형으로 개방형 면포가 보이고 저항력이 저하되어 있으며 피부가 탁하여 칙칙하고 어둡다(지성).
    U존 : 피지선 작용이 미약하여 모공이 작으며, 피부결이 섬세하고 세안 후 당기고 건조하며 각질이 일어난다(건성).
    목 부위 : 과다한 피지분비로 인해 번들거리고 지저분해지기 쉽다(지성).

㉒ T존 : 피지와 수분이 적당하고 트러블이나 잡티도 없고 부드럽다(정상).
    U존 : 피부에 탄력이 떨어지고 피부가 건조하고 당긴다(건성).
    목 부위 : 피지선 분비가 왕성하여 번들거리나 피부가 건조하고 당긴다(지성).

㉓ T존 : 피지선과 한선의 기능이 저하되어 있다(건성).
    U존 : 모공이 크고 각질이 두껍고 볼 주위에 굵고 깊은 주름이 있다(지성).
    목 부위 : 세안 후 당기고 건조하다(건성).

㉔ T존 : 모공이 크고 번들거리나 얼굴이 당긴다(지성).
    U존 : 각질이 일어나고 예민한 피부로 발전하여 기미나 잡티가 생길 수 있다(건성).
    목 부위 : 굵은 주름이 있고 피부색이 칙칙하며 각질이 쉽게 일어나지는 않는다(지성).

㉕ T존 : 모공이 작아 피부가 섬세하며 매끄럽고 주름이 없어 탄력이 있어 보인다(정상).
    U존 : 모공이 넓고 각질이 두꺼우며 주름이 깊고 거칠어 보인다(지성).
    목 부위 : 피부가 거칠고 모공이 좁고 늘어짐이 있다(건성).

02 | 클렌징

15분

- 피부 유형별 상태에 따라 클렌징 방법과 제품을 선택할 수 있다.
- 눈, 입술 순서로 포인트 메이크업을 클렌징할 수 있다.
- 피부 유형에 맞는 제품과 테크닉으로 클렌징을 적용할 수 있다.
- 온습포 또는 경우에 따라 냉습포로 닦아내고 토너로 정리할 수 있다.

Section 1 클렌징의 이해

1 클렌징의 개념

(1) 목적 및 효과

① 피부 표면의 노폐물과 메이크업 잔여물을 제거한다.

② 피부의 호흡을 원활하게 하고, 건강한 피부를 유지한다.

③ 혈액순환 촉진 및 신진대사를 원활하게 해준다.

(2) 클렌징제의 선택

① 메이크업 잔여물이나 먼지 등이 잘 지워져야 한다.

② 피부의 피지막, 산성막의 손상이 없도록 피부에 자극이 없어야 한다.

③ 피부 타입에 맞는 클렌징제를 선택한다.

2 클렌징제의 종류

(1) 1차 클렌징(포인트 메이크업 리무버)

아이섀도, 아이라인, 마스카라 등의 눈 화장과 입술 화장을 지울 때 사용한다.

(2) 2차 클렌징

클렌징 로션	• 친수성 에멀젼(O/W, 수중유형) 상태의 제품이다. • 클렌징 크림에 비해 수분 함유량이 많다. • 옅은 화장을 지울 때 적합하다. • 건성, 민감성, 노화피부 타입에 적당하다.
클렌징 크림	• 친유성(W/O, 유중수형) 크림 상태의 제품이다. • 세정력이 우수하여 두꺼운 화장을 지울 때 사용한다. • 이중세안이 필요하다.
클렌징 젤	• 가벼운 화장을 지울 때 사용하기에 적합하다. • 오일 알레르기성 피부나 모공이 넓은 지성피부에 효과적이다.
클렌징 오일	• 물과 친화력이 있어 물에 쉽게 용해된다. • 피부 자극이 적다. • 건성피부, 노화피부, 수분 부족의 지성피부, 민감성피부에 적당하다.
클렌징 워터	• 세정용 화장수의 일종으로 가벼운 메이크업 화장을 지울 때 사용한다. • 액상 타입의 세정제로 끈적임이 없다.
클렌징 폼	• 거품 형태의 클렌징으로 피부 자극이 적다. • 수성 오염물질의 세정이 가능하다. • 이중세안에 적당하다.

Section 2 · 사전준비 및 수행순서

요구내용	지참한 제품을 이용하여 포인트 메이크업을 지우고 관리범위를 클렌징한 후, 코튼 또는 해면을 이용하여 제품을 제거하고, 피부를 정돈하시오. ※ 제품 도포 후 문지르기는 2~3분 정도 유지하시오.
시간	15분
과제 준비물	정리대, 포인트 메이크업 리무버, 클렌징 제품, 스파츌라, 토너, 티슈, 해면, 화장솜, 유리볼, 면봉, 온습포
유의사항	① 얼굴 관리 중 클렌징, 손을 이용한 관리, 팩 작업에서의 관리범위는 얼굴부터 데콜테(가슴(Breast)은 제외)까지를 말하며, 겨드랑이 안쪽 부위는 제외된다. ② 총작업시간의 90% 이상을 사용한다. ③ 고객을 위한 위생을 철저히 점검한다. ④ 해당 관리 부위 외 모델의 노출을 최소화한다. ⑤ 액세서리는 착용하지 않는다. ⑥ 대타월로 고객을 덮어 준다. ⑦ 헤어터번으로 머리카락을 감싼다. ⑧ 귀가 접히지 않도록 한다.

수행순서	① 손 소독을 한다. ② 헤어터번으로 머리카락을 감싼다. ③ 먼저 리무버로 포인트 메이크업을 순서에 맞게 지운다(눈썹 → 아이섀도 → 아이라인 → 마스카라 → 입술). ④ 클렌징 제품은 피부 유형에 맞게 선택한다. ⑤ 클렌징 제품을 바르고 매뉴얼 테크닉 동작과 구분하여 근육이 움직이지 않도록 가볍고 신속하게 닦아내야 한다. ⑥ 티슈로 닦아낸다. ⑦ 해면과 온습포로 닦아낸다. ⑧ 토너로 마무리한다.

Section 3 클렌징하기

클렌징 작업시간 미리보기

총 15분

6분 30초	3분 30초	5분
손 소독 포인트 메이크업 클렌징	클렌징 로션 도포하기 클렌징(문지르기)	티슈 닦기, 해면 닦기, 온습포 닦기, 토너 정리

※ 클렌징 크림 도포 후 문지르기는 2~3분 정도 유지하고 5분 남았을 때 티슈 작업을 실시함

1 포인트 메이크업 지우기

중점	클렌징의 기본 이해가 되었는가를 평가한다.
부연설명	• 제품의 선택 및 적용을 올바르게 해야 한다. • 포인트 메이크업을 먼저 지우고 피부에 잔여물이 남지 않도록 한다. • 제품의 특징에 맞게 위생적으로 사용해야 한다.

(1) 손 소독하기

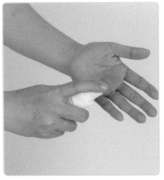 

스프레이 또는 알콜솜으로 소독한다.

(2) 메이크업 리무버 준비하기

 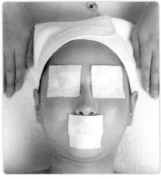 

❶ 화장솜 3장을 리무버로 적신다.　❷ 양쪽 눈과 입술에 리무버로 적신 화　❸ 여분의 화장솜과 면봉을 리무버로
　　　　　　　　　　　　　　　　 장솜을 올려놓는다.　　　　　　　　 적신다.

❹ 리무버로 적신 화장솜과 면봉을 유
　 리볼에 준비한다.

(3) 눈 화장 지우기

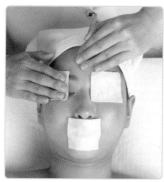

❶ 한 손으로 눈썹 앞머리를 고정하고, 다른 손으로 눈 바깥 방향으로 닦아낸다(눈두덩 → 눈 밑 → 눈썹).

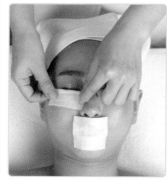

❷ 속눈썹 밑에 솜을 받쳐준다.

❸ 리무버로 적신 면봉을 이용하여 면봉을 굴려주듯이 아이라인과 마스카라를 닦아준다.

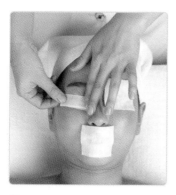

❹ 화장솜을 반으로 접어서 위 방향으로 눈을 깨끗하게 닦아준다.

(4) 입술 화장 지우기

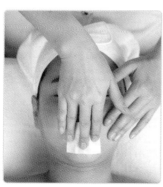

❶ 한 손으로 입술 끝을 고정하고, 다른 손은 위 방향으로 빼주듯이 닦아낸다.

❷ 중지에 화장솜을 끼운 후 윗입술은 위 → 아래 방향으로, 아랫입술은 아래 → 위 방향으로 닦아준다.

❸ 리무버로 적신 면봉을 이용하여 입술 주름 사이사이를 세심하게 닦아준다.

❹ 화장솜을 반으로 접어서 입술 안쪽을 가로로 깨끗하게 닦아준다.

2 안면 클렌징하기

중점	가벼운 동작으로 신속하게 한다(감점 대상 : 용기(유리볼)에 클린징제를 덜어서 사용하지 않는 경우).
부연설명	마사지 동작과 구별하여 클렌징을 하는가를 평가한다(근육이 움직이지 않을 정도로 피부를 닦는다).

(1) 손 소독하기

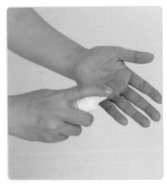

스프레이 또는 알콜솜으로 소독한다.

(2) 클렌징 제품 준비하기

❶ 클렌징 로션을 유리볼에 적당량 덜어 놓는다.

❷ 준비한 클렌징 로션을 손에 덜어 낸다.

❸ 클렌징 로션을 이마 → 볼 → 턱 → 목 → 데콜테 순으로 적용한다.

(3) 클렌징 로션 도포하기

❶ 클렌징 로션을 두 손으로 비벼서 녹여준다.

❷ 데콜테 부위의 클렌징 로션을 가로 방향으로 펴준다.

❸ 목 부위의 클렌징 로션을 가로 방향으로 펴준다.

❹ 턱 중앙에서 두 손을 모아 볼을 감싸듯이 귀 방향으로 펴준다.

❺ 콧방울 옆에서 뺨을 감싸듯이 귀 방향으로 펴준다.

❻ 양손바닥을 교대로 이마를 가로 방향으로 펴준다.

(4) 데콜테 쓰다듬기

❶ 양손바닥을 이용하여 중앙에서 어깨 방향으로 교대로 쓰다듬기 한다.

❷ 양손 네 손가락을 이용하여 중앙에서 어깨 방향으로 나선형으로 문지르기 한다.

❸ 양손바닥을 이용하여 중앙에서 어깨 방향으로 교대로 쓰다듬기 한다.

(5) 목 쓰다듬기

  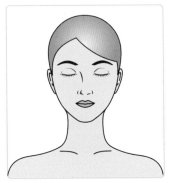

❶ 양손바닥을 교대로 목 부위를 쓰다듬기 한다.

❷ 양손가락 전체로 턱 아래를 둥글리기 한다.

Tip 주어진 일러스트에 테크닉 동작을 따라 화살표로 그려보세요!

(6) 턱 쓰다듬기

양손을 귀 옆에 위치시킨 뒤 한 손씩 교대로 턱을 감싸듯이 검지와 중지 사이에 턱이 지나도록 하여 귀 옆까지 쓰다듬기 한다.

(7) 인중 쓰다듬기

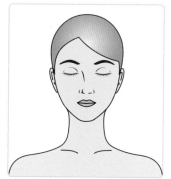

양손을 귀 옆에 위치시킨 뒤 한 손씩 교대로 턱을 감싸듯이 검지와 중지 사이에
입술이 지나도록 하여 귀 옆까지 쓰다듬기 한다.

(8) 볼 나선형 문지르기

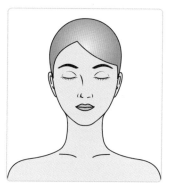

양손 네 손가락을 이용하여 볼 전체를 나선 모양으로 문지르기 한다.

(9) 코 둥글리기

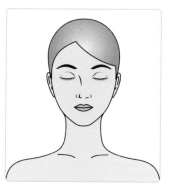

양손을 깍지 끼우고, 중지와 약지로 콧방울을 둥글리기 한다.

(10) 이마 쓰다듬기

  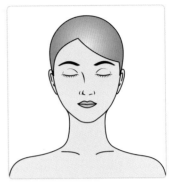

❶ 양손바닥을 교대로 이마를 가로 방향 쓰다듬기 한다.

❷ 양손가락을 이용하여 이마 중앙에서 바깥 방향으로 원을 그리듯이 쓰다듬기 한다.

(11) 눈 주위 쓰다듬기

  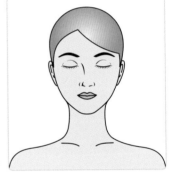

양손바닥을 이용하여 눈을 감싸듯이 관자놀이 방향으로 원을 그리며 쓰다듬기 한다.

(12) 눈 밑, 인중 문지르기

  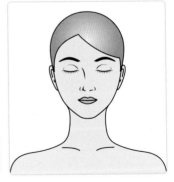

양손 엄지로 눈 밑을 쓸어주고 인중과 턱 중앙의 위 · 아래를 번갈아 문질러주기 한다.

(13) 마무리 쓰다듬기

❶ 양손 네 손가락을 이용하여 볼 전체를 나선 모양으로 문지르기 한다.

❷ 양손을 깍지 끼우고, 중지와 약지로 콧방울을 둥글리기 한다.

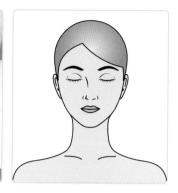

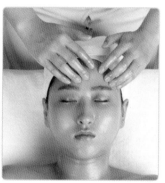

❸ 양손가락을 이용하여 이마 중앙에서 바깥 방향으로 원을 그리듯이 쓰다듬기 한다.

❹ 양손바닥을 이용하여 눈을 감싸듯이 관자놀이 방향으로 원을 그리며 쓰다듬기 한다.

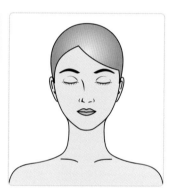

FAQ 클렌징 제품

Q. 메이크업 리무버와 클렌징 제품이 혼동됩니다. 설명해 주세요

A. 메이크업 리무버는 포인트 메이크업 리무버와 페이셜 클렌저를 의미하며, 클렌징 제품은 바디 클렌징 제품으로 현재 시험에서는 알코올을 함유하고 있는 화장수 등으로 가볍게 닦아내는 클렌징을 하도록 되어 있으므로 이에 필요한 화장품을 준비하면 됩니다(추후 스크럽 및 클렌저를 사용하는 클렌징을 요구하는 문제가 공개되는 경우에는 거기에 맞는 제품을 준비하면 됩니다).

3 티슈로 닦아주기

❶ 티슈를 삼각형 꼭지가 이마 쪽으로 가도록 코 위에 올려놓는다.

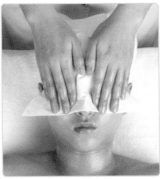

❷ 콧방울 부위를 살짝 누르면서 귀 방향으로 쓰다듬기 한다.

❸ 한쪽 귀 옆을 중지로 고정시킨 후 반대 방향으로 돌려 코 아래에 올려놓는다.

❹ 입 주위와 볼 아래를 귀 방향으로 쓰다듬기 한다.

❺ 반으로 접어서 목 위에 올려놓고 쓰다듬기 한다.

❻ 데콜테 위에 올려놓고 쓰다듬기 한다.

❼ 티슈를 접어서 눈, 이마, 볼, 턱, 코 순으로 가볍게 누르듯이 세심하게 닦아준다.

티슈 접는 법

방법 I

❶ 티슈를 세 손가락과 새끼손가락 사이에 올려놓는다.

❷ 새끼손가락이 보이지 않게 접어 준다.

❸ 손가락 끝에서 손바닥 방향으로 접어준다.

방법 II

❶ 준비된 티슈를 다시 반으로 접어 검지 사이에 끼운다.

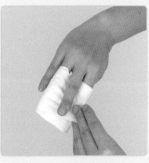

❷ 끝을 잡고 손등 방향으로 접어준다.

❸ 약지를 돌아서 티슈 끝부분을 중지에 끼워준다.

중점	깨끗하게 클렌징이 되었는가를 평가한다.
부연설명	• 잔여물을 청결하게 닦아야 한다. • 다음 단계를 위해 토너를 사용해야 한다.

4 해면으로 닦아주기

❶ 양눈 안쪽에서 눈꼬리 방향으로 닦아준다.

❷ 양손 교대로 세로 방향으로 닦아준다.

❸ 이마 중앙에서 관자놀이 방향으로 쓸어내린다.

❹ 양눈 안쪽에서 눈꼬리 방향으로 닦아준다.

❺ 양볼을 안에서 바깥 방향으로 닦아준다.

❻ 인중 부위를 바깥 방향으로 닦아준다.

❼ 양손 교대로 턱을 닦아준다.

❽ 양손을 같이 턱 중앙에서 귀 방향으로 닦아준다.

❾ 턱선을 따라 쓸어준 후 귀까지 닦아준다.

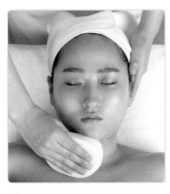

⑩ 해면을 겹쳐서 목 전체를 가로 방향
으로 닦아준다.

⑪ 데콜테 부위를 가로 방향으로 닦아
준다.

⑫ 어깨선과 목선을 지나 귀를 감싸 닦
으면서 마무리한다.

Tip 해면 사용 시 해면의 방향을 돌려가면서 위생적으로 사용

5 온습포 닦아주기

❶ 손목 안쪽으로 온습포의 온도를 체
크한다.

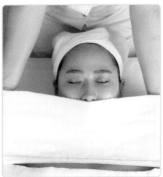

❷ 가로 방향으로 타월을 코 아랫부분
에 올려놓는다.

❸ 비공(콧구멍)을 제외한 안면 전체
를 감싸준 후 이마 → 볼 → 턱 →
눈 순으로 가볍게 눌러준다.

❹ 양손을 타월 안으로 넣고 눈을 가볍게 쓰다듬어 닦아준 후 한쪽씩 꼼꼼하게 닦아준다.

❺ 안면 전체를 안에서 바깥 방향으로 눈 → 이마 → 코 → 볼 → 인중 → 턱 → 턱선을 지나 귀까지 닦아준다.

❻ 목주름 선을 따라 가로 방향으로 빼 듯이 닦아준다.

❼ 타월을 반으로 접어서 손바닥 위에 올려놓고 감싸 잡은 후 목 중앙 → 귀 방 향, 데콜테 중앙 → 어깨선을 지나 귀 방향으로 닦아준다.

6 토너 닦아주기

한 손으로 닦아주기

❶ 토너로 화장솜을 적신다.

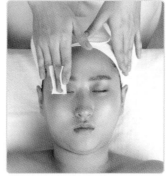

❷ 한 손으로 양 눈두덩을 안쪽에서 바깥 방향으로 한쪽씩 닦아준다.

❸ 이마 전체를 왼쪽에서 오른쪽으로 나선형을 그리듯이 닦아준다.

❹ 오른쪽 볼을 바깥쪽으로 쓸어주듯이 닦아준다.

❺ 턱을 둥글리듯이 닦아준다.

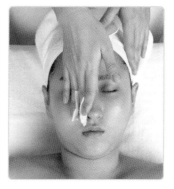

❻ 왼쪽 볼을 지나 코를 지그재그로 쓸어주듯이 닦아준다.

❼ 인중을 닦아준다.

❽ 목을 가로 방향으로 닦아준다.

❾ 데콜테 부위를 가로 방향으로 닦아준다.

양손으로 닦아주기

① 토너로 화장솜을 적신다.

② 양눈두덩을 안쪽에서 바깥 방향으로 닦아준다.

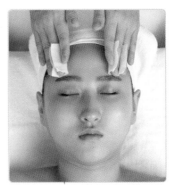

③ 이마 중앙에서 관자놀이 방향으로 가로로 닦아준다.

④ 양손 교대로 콧등과 콧벽을 쓸어내리듯이 닦아준다.

⑤ 양볼을 안에서 바깥 방향으로 닦아준다.

⑥ 양손 교대로 턱을 닦아준다.

⑦ 양손 교대로 목을 닦아준다.

⑧ 양손 교대로 데콜테 부위를 가로 방향으로 닦아준다.

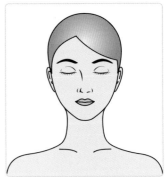

Section 4 **평가**

1 평가 준거

평가자는 학습자가 수행준거 및 평가 시 고려사항에 제시되어 있는 내용을 성공적으로 수행하였는지를 평가해야 한다.

학습내용	평가항목	성취수준		
		상	중	하
얼굴 클렌징	얼굴 피부 유형별 상태에 따라 클렌징 방법과 제품을 선택할 수 있다.			
	눈, 입술 순서로 포인트 메이크업을 클렌징할 수 있다.			
	얼굴 피부 유형에 맞는 제품과 테크닉으로 클렌징할 수 있다.			
	온습포로 닦아내고 토너로 정리할 수 있다.			

2 평가 방법

(1) 평가자 체크리스트

학습내용	평가항목	성취수준		
		상	중	하
얼굴 클렌징	작업 위생 상태			
	피부 유형에 맞는 화장품 적용 여부			
	포인트 메이크업 클렌징 여부			
	클렌징 방법과 테크닉			
	온·냉습포 사용 여부			
	토너 사용 여부			

(2) 작업장 평가

학습내용	평가항목	성취수준		
		상	중	하
얼굴 클렌징	작업 위생 상태			
	피부 유형별로 클렌징 제품 선택 여부			
	포인트 메이크업 클렌징 여부			
	얼굴 클렌징 작업			

클렌징 최종 점검하기

✓ **주의사항**

- 제품 특징을 살려 위생적으로 사용해야 한다.
- 포인트 메이크업을 먼저 지워야 한다.
- 아이라인 제거 시 안에서 바깥 방향으로 제거해야 한다.
- 눈 화장 제거 시 눈 조직이 얇으므로 자극되지 않도록 한다.
- 입술 화장 제거 시 윗입술은 위에서 아래로, 아랫입술은 아래에서 위로 닦는다.
- 잔여물이 남지 않게 깨끗이 닦아야 한다.
- 다음 단계를 위한 토너를 사용해야 한다.

✓ **클렌징 후 Check Point!**

▲ 눈

▲ 입술

▲ 헤어라인

▲ 메이크업 잔여물

✓ **감점요인**

클렌징 후 눈, 입술, 피부에 메이크업 잔여물이 남아있는 경우

MEMO

5분

- 눈썹정리를 위해 도구를 소독하여 준비할 수 있다.
- 고객이 선호하는 눈썹 형태로 정리할 수 있다.
- 눈썹정리한 부위에 대한 진정 관리를 실시할 수 있다.
- 눈썹정리 과정을 잘 이해하고 안전하게 정리할 수 있다.

Section 1 사전준비 및 수행순서

요구내용	족집게와 가위, 눈썹 칼을 이용하여 얼굴형에 맞는 눈썹 모양을 만들고, 보기에 아름답게 눈썹을 정리하시오. ※ 눈썹을 뽑을 때 감독확인하에 작업하시오(한쪽 눈썹에만 작업하시오).
시간	5분
과제 준비물	정리대, 족집게, 눈썹 가위, 눈썹 칼, 눈썹 브러시, 진정젤, 화장솜, 유리볼, 면봉, 티슈
유의사항	① 눈썹정리 시 족집게를 이용하여 눈썹을 뽑을 때는 감독위원의 입회하에 실시하되, 감독위원의 지시를 따른다(작업을 하고 있다가 감독위원이 지시하면 족집게를 사용하며, 작업을 하지 않고 기다리지 마시오). ② 총작업시간의 90% 이상을 사용한다. ③ 고객을 위한 위생을 철저히 점검한다. ④ 해당 관리 부위 외 모델의 노출을 최소화한다. ⑤ 악세서리는 착용하지 않는다. ⑥ 대타월로 고객을 덮어 준다. ⑦ 헤어터번으로 머리카락을 감싼다. ⑧ 한쪽 눈썹만 관리한다.
수행순서	① 손과 도구를 소독한다. ② 눈썹 부위를 알콜솜으로 닦아준다. ③ 눈썹 브러시로 눈썹을 방향에 맞게 빗질한다. ④ 가위로 정리할 눈썹을 잘라낸다. ⑤ 족집게로 잔털 등을 뽑아서 정리한다. ⑥ 눈썹 칼로 다듬어준다. ⑦ 진정젤을 가볍게 도포한다. ⑧ 주변을 정리하여 마무리한다.

Section	2	눈썹정리하기

1 준비하기

(1) 손 소독하기

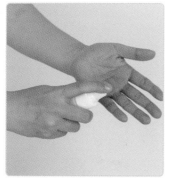 

스프레이 또는 알콜솜으로 소독한다.

(2) 눈썹 도구 소독하기

  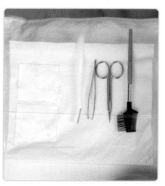

❶ 스프레이　　❷ 알콜솜　　❸ 도구 세팅

2 눈썹정리하기

중점	• 얼굴과 눈썹의 균형감을 이해하고 있는가를 평가한다. • 얼굴형에 맞도록 눈썹정리를 했는가를 평가한다. • 눈썹선이 깨끗하게 정리되었는지 본다.
부연설명	• 얼굴에 어울리는 눈썹 형태를 파악하고 있어야 한다. • 눈썹이 난 방향으로 정리해야 한다. • 눈썹의 형태가 잘 표현되어야 한다. • 잔여물이 남지 않도록 청결해야 한다.

❶ 알콜솜으로 눈썹 부위를 닦아준다.

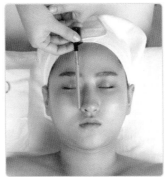
❷ 눈썹 브러시를 거꾸로 잡고 눈썹 앞머리와 콧방울 선이 일직선이 되도록 각도를 맞춘다.

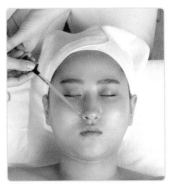
❸ 눈썹꼬리와 콧방울까지 사선이 되도록 각도를 맞춘다.

❹ 눈썹 브러시로 눈썹이 난 방향으로 빗어준다.

❺ 눈썹 빗을 45도 각도로 대고 사이로 나온 눈썹의 끝부분을 가위로 길이를 조절하여 정리한다.

❻ 검지와 중지로 텐션을 유지한 상태로 털이 난 방향으로 신속하게 뽑아준다.
Tip 뽑은 눈썹은 감독 확인 후 버릴 것

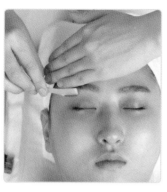

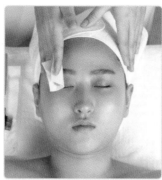

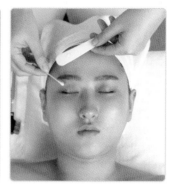

❼ 한 손 새끼손가락의 측면으로 눈썹 부위를 위로 살짝 당겨 텐션을 준 후 눈썹 칼로 긁어주듯이 다듬어준다.

❽ 눈썹정리 후 잔여물이 남지 않도록 닦아준다.

❾ 솜이나 면봉을 이용하여 진정젤을 눈두덩 전체에 펴 발라준다.

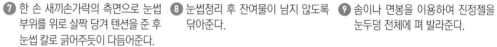

Section 3 평가

1 평가 준거

평가자는 학습자가 수행준거 및 평가 시 고려사항에 제시되어 있는 내용을 성공적으로 수행하였는지를 평가해야 한다.

학습내용	평가항목	성취수준		
		상	중	하
눈썹정리	눈썹정리를 위해 도구를 소독하여 준비할 수 있다.			
	고객이 선호하는 눈썹 형태로 정리할 수 있다.			
	눈썹정리 과정을 잘 이해하고 안전하게 정리할 수 있다.			
	눈썹정리한 부위에 대한 진정 관리를 실시할 수 있다.			

2 평가 방법

(1) 평가자 체크리스트

학습내용	평가항목	성취수준		
		상	중	하
눈썹정리	작업 위생 상태			
	얼굴형에 맞는 눈썹 형태 적용 여부			
	눈썹정리 방법과 테크닉			
	눈썹정리 도구 사용 여부			
	진정젤 사용 여부			
	마무리 여부			

(2) 작업장 평가

학습내용	평가항목	성취수준		
		상	중	하
눈썹정리	작업 위생 상태			
	얼굴형별로 눈썹 형태 적용 여부			
	눈썹정리 제품 및 도구 선택 여부			

FAQ 눈썹정리

Q. 눈썹정리 과제는 어떻게 작업하면 됩니까?

A. 눈썹정리는 가위, 눈썹 칼, 족집게를 이용하여 하시면 됩니다. 족집게의 사용 시에는 반드시 감독위원의 입회 및 지시에 따라야 되며, 3개 이상만 뽑아내면 됩니다. 넓은 면의 잔털과 모양내기는 눈썹 칼을 이용하면 됩니다. 눈썹정리 시 제거한 눈썹은 옆에 티슈에 모아 놓았다가 감독위원의 지시에 따라 휴지통에 버리시면 됩니다(하나도 없는 경우는 미리 눈썹 정리를 다 해온 것으로 판단하여 채점상 불이익을 받을 수 있음). 단, 눈썹정리 시 한쪽 눈썹에만 작업해야 합니다.

눈썹정리 최종 점검하기

✓ **주의사항**

- 위생적으로 사용해야 한다.
- 한쪽 눈썹만 정리한다.
- 족집게 제거 시 손을 들어 감독관에게 알린 후 감독하에 텐션을 주어 뽑는다.
- 신속성과 텐션을 유지하여야 한다.
- 족집게로 털 제거 시 털이 난 방향대로 제거하여야 한다.
- 눈썹 칼은 안전하게 사용해야 한다.
- 얼굴형과 눈썹 형태에 맞게 정리하여야 한다.
- 잔여물이 남지 않도록 마무리가 잘 이루어져야 한다.
- 마무리를 위한 진정젤을 사용해야 한다.

✓ **눈썹정리 Check Point!**

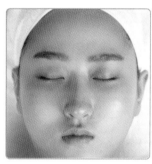

▲ 텐션　　　　　　　　▲ 뽑는 방향　　　　　　　　▲ 수정 상태 비교

✓ **감점요인**

족집게 제거 시 텐션, 뽑는 방향, 눈썹정리 전후의 수정 상태 비교

학습목표

- 피부 유형별 상태에 따라 딥 클렌징제를 선택할 수 있다.
- 딥 클렌징 제품 종류에 따라 올바른 관리 방법을 적용할 수 있다.
- 피부 유형에 맞는 제품과 테크닉으로 클렌징을 적용할 수 있다.
- 온습포 또는 경우에 따라 냉습포로 닦아내고 토너로 정리할 수 있다.

Section 1 딥 클렌징의 이해

1 딥 클렌징의 개념과 제품의 종류

(1) 목적 및 효과

① 모공 깊숙이 있는 피지와 불순물을 제거한다.

② 피부 표피의 죽은 각질을 제거하여 피부 재생과정을 촉진시킨다.

③ 진피층의 콜라겐 섬유 합성을 촉진시킨다.

④ 영양성분의 침투가 용이하게 한다.

⑤ 혈액순환을 촉진한다(혈색을 좋게 함).

⑥ 면포를 연화시킨다.

(2) 딥 클렌징제의 종류

종류	특징
스크럽	• 미세한 알갱이가 있는 세안제로 피부의 죽은 각질을 제거한다. • 민감성피부 타입은 사용을 금지한다. • 사용방법 : 얼굴에 도포한 후 손가락에 물을 묻혀 가볍게 문지른 후 해면, 온습포로 처리한다.

고마쥐	• 제품을 얼굴에 바른 후 마르기 시작하면 손으로 밀어서 때처럼 제거한다. • 사용방법 : 얼굴에 얇게 펴 바른 후 마르기 시작하면 손으로 가볍게 밀어 때처럼 불필요한 각질과 함께 제거 후 손끝에 물을 묻혀 롤링하여 제거하고 해면, 온습포로 처리한다.
효소(Enzyme)	• 파파야 나무에서 추출한 단백질 분해효소인 파파인 성분으로 노화된 각질을 제거한다. • 시간, 온도, 습도가 중요하다. • 사용방법 : 분말 형태의 딥 클렌징제를 미지근한 물에 적당량 넣어 잘 섞은 후 팩 붓을 이용하여 눈과 입술을 제외한 얼굴 전체에 펴 바르고 10~15분 후 해면, 온습포로 처리한다.
AHA	• Alpha Hydroxy Acid라고 한다. • 주로 과일류에서 추출한 과일산 성분으로 대표적인 성분은 글리콜릭산이다. • 죽은 각질을 제거하고 진피층의 콜라겐 생성을 촉진한다. • 사용방법 : 용액을 볼에 덜어 팩 붓 또는 면봉을 이용하여 얼굴에 펴 바른 후 일정한 시간이 지나면 해면, 냉습포로 처리한다. • AHA의 종류 　－ 글리콜릭산(글리콜산, Glycolic acid) : 사탕수수에서 추출 　－ 젖산(Lactic acid) : 발효된 우유에서 추출 　－ 구연산(Citric acid) : 레몬, 오렌지에서 추출 　－ 주석산(Tartar acid) : 포도에서 추출 　－ 말릭산(Malic acid) : 사과에서 추출

Section 2 사전준비 및 수행순서

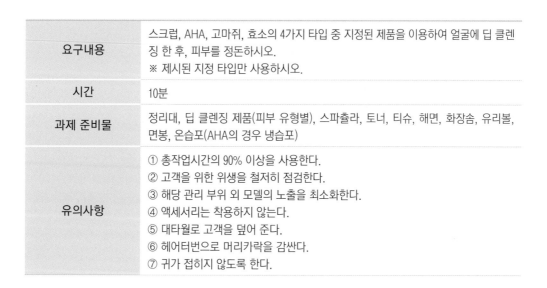

요구내용	스크럽, AHA, 고마쥐, 효소의 4가지 타입 중 지정된 제품을 이용하여 얼굴에 딥 클렌징 한 후, 피부를 정돈하시오. ※ 제시된 지정 타입만 사용하시오.
시간	10분
과제 준비물	정리대, 딥 클렌징 제품(피부 유형별), 스파츌라, 토너, 티슈, 해면, 화장솜, 유리볼, 면봉, 온습포(AHA의 경우 냉습포)
유의사항	① 총작업시간의 90% 이상을 사용한다. ② 고객을 위한 위생을 철저히 점검한다. ③ 해당 관리 부위 외 모델의 노출을 최소화한다. ④ 액세서리는 착용하지 않는다. ⑤ 대타월로 고객을 덮어 준다. ⑥ 헤어터번으로 머리카락을 감싼다. ⑦ 귀가 접히지 않도록 한다.

관리범위	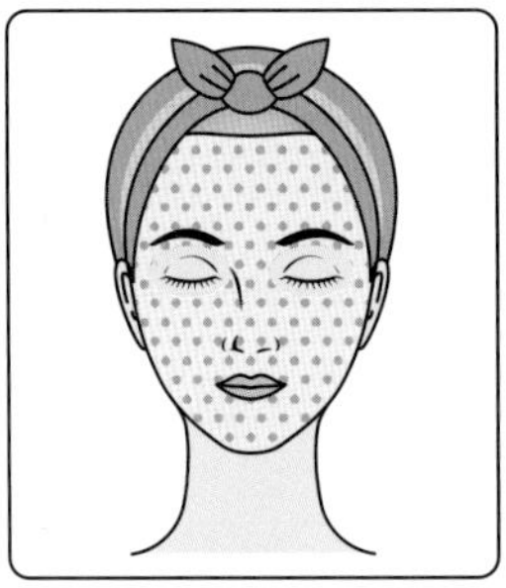
수행순서	① 손 소독을 한다. ② 헤어터번으로 머리카락을 감싼다. ③ 피부 관리계획표 작성 시 지정 받은 딥 클렌징제를 사용한다. ④ 딥 클렌징 제품을 관리범위에 맞게 팩 붓이나 면봉으로 펴 바른다. ⑤ 각각의 관리 순서에 맞게 적용한다. ⑥ 사용한 제품은 베드 위에 올려놓는다. ⑦ 해면으로 닦아낸다. ⑧ 온습포 또는 냉습포로 닦아낸다. ⑨ 토너로 마무리한다.

Section 3 딥 클렌징하기

1 효소 딥 클렌징

딥 클렌징(효소) 작업시간 미리보기

총 10분

5분	5분
손 소독 아이패드 얹기 유리볼에 효소 + 물 섞어 도포 거즈 얹기 온습포 얹기(유리볼 정리)	온습포 제거, 아이패드 제거 해면 닦기, 온습포 닦기, 토너 정리

※ 딥 클렌징의 관리범위는 얼굴이며, 목을 닦으면 감점임

중점	피부 유형에 적합한 제품을 선택했는가를 평가한다.
부연설명	제품의 선택 및 적용이 적합해야 한다.

(1) 손 소독하기

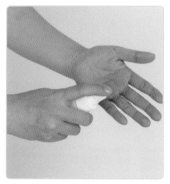

스프레이 또는 알콜솜으로 소독한다.

(2) 준비하기

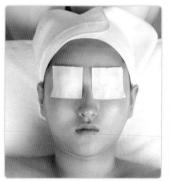

❶ 아이패드를 올려놓는다.

❷ 너무 묽어지지 않도록 효소 파우더에 물을 소량만 붓는다.

❸ 팩 붓으로 잘 섞어준다.

중점	작업의 효율성을 평가한다.
부연설명	사용방법이 정확해야 한다.

(3) 효소 도포하기

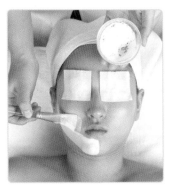  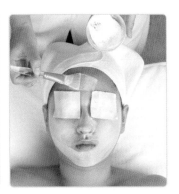

❶ 턱에서 볼 부위까지 펴 바른다.　❷ 코 부위를 펴 바른다.　❸ 이마 부위를 펴 바른다.

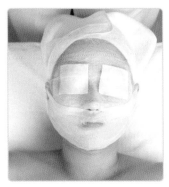  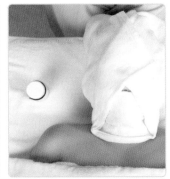

❹ 얼굴 전체에 거즈를 얹어준다.　❺ 온습포를 올려준다(온도, 습도 유지).　❻ 사용한 제품을 베드 위에 올려놓는다.

중점	딥 클렌징이 잘되었는가를 평가한다.
부연설명	• 제품의 잔여물을 청결하게 닦아야 한다. • 타월 및 해면 사용을 올바르게 해야 한다. • 토너 사용을 올바르게 해야 한다.

(4) 해면으로 닦아주기

❶ 양눈 안쪽에서 눈꼬리 방향으로 닦아준다.

❷ 양손 교대로 세로 방향으로 닦아준다.

❸ 이마 중앙에서 관자놀이 방향으로 쓸어내린다.

❹ 양손 교대로 콧등과 콧벽을 쓸어내린다.

❺ 양볼을 안에서 바깥 방향으로 닦아준다.

❻ 인중 부위를 바깥 방향으로 닦아준다.

❼ 양손 교대로 턱을 닦아준다.

❽ 양손을 같이 턱 중앙에서 귀 방향으로 닦아준다.

❾ 턱선을 따라 쓸어준 후 귀까지 닦아준다.

Tip 해면 사용 시 해면의 방향을 돌려가면서 위생적으로 사용

(5) 온습포 닦아주기

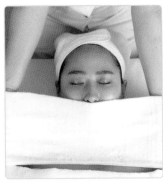

❶ 손목 안쪽으로 온습포의 온도를 체크한다.

❷ 가로 방향으로 타월을 코 아랫부분에 올려놓는다.

❸ 비공(콧구멍)을 제외한 안면 전체를 감싸준 후 이마 → 볼 → 턱 → 눈 순으로 가볍게 눌러준다.

❹ 양손을 타월 안으로 넣고 눈을 가볍게 쓰다듬어 닦아준 후 한쪽씩 꼼꼼하게 닦아준다.

 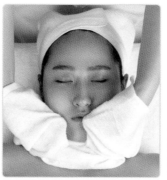 

❺ 안면 전체를 안에서 바깥 방향으로 눈 → 이마 → 코 → 볼 → 인중 → 턱 → 턱선을 지나 귀까지 닦아준다.

(6) 토너 닦아주기

한 손으로 닦아주기

❶ 토너로 화장솜을 적신다.

❷ 한 손으로 양눈두덩을 안쪽에서 바깥 방향으로 한쪽씩 닦아준다.

❸ 이마 전체를 왼쪽에서 오른쪽으로 나선형 그리듯이 닦아준다.

❹ 오른쪽 볼을 바깥쪽으로 쓸어주듯 이 닦아준다.

❺ 턱을 둥글리듯이 닦아준다.

❻ 왼쪽 볼을 지나 코를 지그재그로 쓸어주듯이 닦아준다.

❼ 인중을 닦아준다.

양손으로 닦아주기

❶ 토너로 화장솜을 적신다.

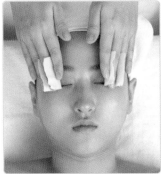

❷ 양눈두덩을 안쪽에서 바깥 방향으로 닦아준다.

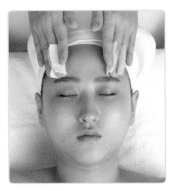

❸ 이마 중앙에서 관자놀이 방향으로 가로로 닦아준다.

❹ 양손 교대로 콧등과 콧벽을 쓸어내리듯이 닦아준다.

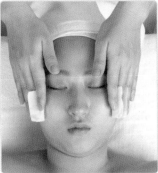

❺ 양볼을 안에서 바깥 방향으로 닦아준다.

❻ 양손 교대로 턱을 닦아준다.

2 AHA 딥 클렌징

딥 클렌징(AHA) 작업시간 미리보기

총 10분

5분	5분
손 소독 아이패드 얹기 AHA 도포(유리볼 정리)	아이패드 제거 해면 닦기, 냉습포 닦기, 토너 정리

※ 딥 클렌징의 관리범위는 얼굴이며, 목을 닦으면 감점임

중점	피부 유형에 적합한 제품을 선택했는가를 평가한다.
부연설명	제품의 선택 및 적용이 적합해야 한다.

(1) 손 소독하기

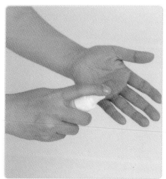

스프레이 또는 알콜솜으로 소독한다.

(2) 준비하기

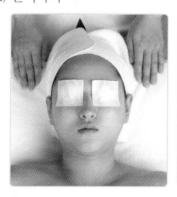
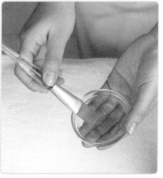
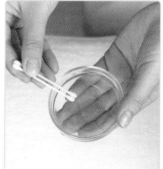

❶ 아이패드를 올려놓는다.　　❷ 액상 AHA를 유리볼에 덜고 팩 붓이나 면봉을 이용하여 도포한다.

중점	작업의 효율성을 평가한다.
부연설명	사용방법이 정확해야 한다.

(3) AHA 도포하기

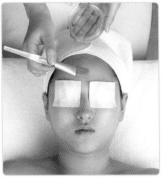
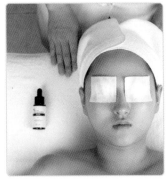

❶ 턱에서 볼 부위까지 펴 바른다.　　❷ 이마 부위를 펴 바른다.　　❸ 사용한 제품을 베드 위에 올려놓는다.

중점	딥 클렌징이 잘되었는가를 평가한다.
부연설명	• 제품의 잔여물을 청결하게 닦아야 한다. • 타월 및 해면 사용을 올바르게 해야 한다. • 토너 사용을 올바르게 해야 한다.

(4) 해면으로 닦아주기

❶ 양눈 안쪽에서 눈꼬리 방향으로 닦아준다.　　❷ 양손 교대로 세로 방향으로 닦아준다.　　❸ 이마 중앙에서 관자놀이 방향으로 쓸어내린다.

❹ 양손 교대로 콧등과 콧벽을 쓸어내
린다.

❺ 양볼을 안에서 바깥 방향으로 닦아
준다.

❻ 인중 부위를 바깥 방향으로 닦아준다.

❼ 양손 교대로 턱을 닦아준다.

❽ 양손을 같이 턱 중앙에서 귀 방향으
로 닦아준다.

❾ 턱선을 따라 쓸어준 후 귀까지 닦아
준다.

> **Tip** 해면 사용 시 해면의 방향을 돌려가면서 위생적으로 사용

(5) 냉습포 닦아주기

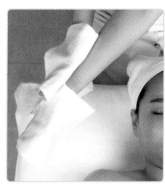

❶ 손목 안쪽으로 냉습포의 온도를 체
크한다.

❷ 가로 방향으로 타월을 코 아랫부분
에 올려놓는다.

❸ 비공(콧구멍)을 제외한 안면 전체
를 감싸준 후 이마 → 볼 → 턱 →
눈 순으로 가볍게 눌러준다.

❹ 양손을 타월 안으로 넣고 눈을 가볍게 쓰다듬어 닦아준 후 한쪽씩 꼼꼼하게 닦아준다.

  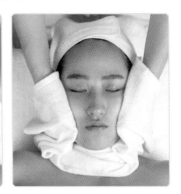

 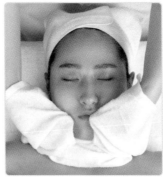 

❺ 안면 전체를 안에서 바깥 방향으로 눈 → 이마 → 코 → 볼 → 인중 → 턱 → 턱선을 지나 귀까지 닦아준다.

(6) 토너 닦아주기

한 손으로 닦아주기

❶ 토너로 화장솜을 적신다.

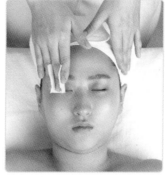

❷ 한 손으로 양눈두덩을 안쪽에서 바깥 방향으로 한쪽씩 닦아준다.

❸ 이마 전체를 왼쪽에서 오른쪽으로 나선형을 그리듯이 닦아준다.

❹ 오른쪽 볼을 바깥쪽으로 쓸어주듯이 닦아준다.

❺ 턱을 둥글리듯이 닦아준다.

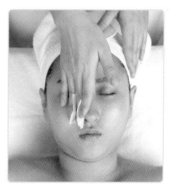

❻ 왼쪽 볼을 지나 코를 지그재그로 쓸어주듯이 닦아준다.

❼ 인중을 닦아준다.

양손으로 닦아주기

❶ 토너로 화장솜을 적신다.

❷ 양눈두덩을 안쪽에서 바깥 방향으로 닦아준다.

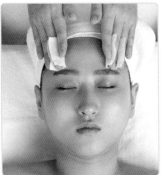

❸ 이마 중앙에서 관자놀이 방향으로 가로로 닦아준다.

❹ 양손 교대로 콧등과 콧벽을 쓸어내리듯이 닦아준다.

❺ 양볼을 안에서 바깥 방향으로 닦아준다.

❻ 양손 교대로 턱을 닦아준다.

❸ 고마쥐 딥 클렌징

딥 클렌징(고마쥐) 작업시간 미리보기

총 10분

3분 30초	1분 30초	5분
손 소독 고마쥐 도포 아이패드 얹기 (유리볼 정리하고 티슈 깔아주기)	손 소독 문지르기 러빙하기	해면 닦기, 온습포 닦기, 토너 정리

※ 딥 클렌징의 관리범위는 얼굴이며, 목을 닦으면 감점임

중점	피부 유형에 적합한 제품을 선택했는가를 평가한다.
부연설명	제품의 선택 및 적용이 적합해야 한다.

(1) 손 소독하기

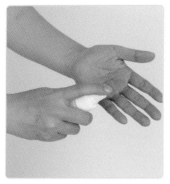 

스프레이 또는 알콜솜으로 소독한다.

중점	작업의 효율성을 평가한다.
부연설명	사용방법이 정확해야 한다.

(2) 고마쥐 도포하기

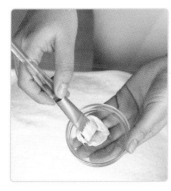 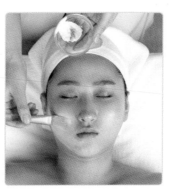 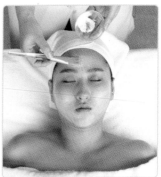

❶ 적당량의 고마쥐를 유리볼에 덜어 놓는다.

❷ 팩 붓을 이용하여 턱에서 볼까지 펴 바른다.

❸ 코에서 이마 순으로 펴 바른다.

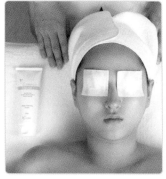
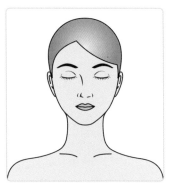

❹ 전체 도포 후 아이패드를 얹어준다.　　**❺** 사용한 제품을 베드 위에 올려놓는다.

Tip 고마쥐를 너무 두껍게 도포할 경우 시간 내에 마르지 않을 수 있으므로 적정량을 도포함

(3) 준비하기

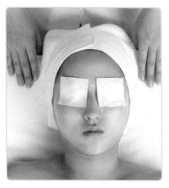
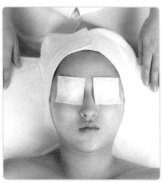

❶ 헤어터번으로 귀를 감싸준다.　　**❷** 티슈를 양쪽 베드 위에 깔아준다.　　**❸** 러빙할 물을 미리 준비해둔다.

(4) 손 소독하기

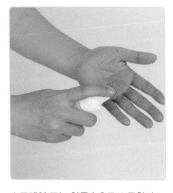

스프레이 또는 알콜솜으로 소독한다.

(5) 고마쥐 문지르기

❶ 왼손 검지와 중지를 벌려 텐션을 주고 오른손 검지와 중지를 이용하여 굴리듯이 바깥 방향으로 밀어준다.

❷ 오른쪽 아랫볼 부위만을 바깥 방향으로 밀어준다.

❸ 오른쪽 윗볼 부위만을 바깥 방향으로 밀어준다.

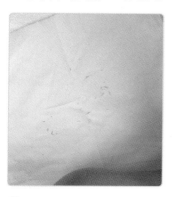

❹ 밀어낸 고마쥐 가루를 확인한다.

(6) 얼굴 전체 러빙하기

❶ 준비해 둔 물을 양손에 적당량 묻힌다.

❷ 물을 양볼에 적당량 찍어준다.

❸ 물을 이마에 적당량 찍어준다.

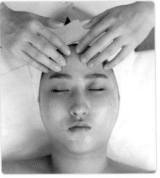
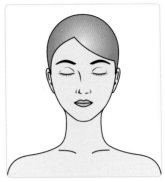

❹ 얼굴 전체를 부드럽게 러빙하여 고마쥐 잔여물을 녹여 낸다.

중점	딥 클렌징이 잘되었는가를 평가한다.
부연설명	• 제품의 잔여물을 청결하게 닦아야 한다. • 타월 및 해면 사용을 올바르게 해야 한다. • 토너 사용을 올바르게 해야 한다.

(7) 해면으로 닦아주기

❶ 양눈 안쪽에서 눈꼬리 방향으로 닦아준다.　❷ 양손 교대로 세로 방향으로 닦아준다.　❸ 이마 중앙에서 관자놀이 방향으로 쓸어내린다.

❹ 양손 교대로 콧등과 콧벽을 쓸어내린다.

❺ 양볼을 안에서 바깥 방향으로 닦아준다.

❻ 인중 부위를 바깥 방향으로 닦아준다.

❼ 양손 교대로 턱을 닦아준다.

❽ 양손을 같이 턱 중앙에서 귀 방향으로 닦아준다.

❾ 턱선을 따라 쓸어준 후 귀까지 닦아준다.

Tip 해면 사용 시 해면의 방향을 돌려가면서 위생적으로 사용

(8) 온습포 닦아주기

❶ 손목 안쪽으로 온습포의 온도를 체크한다.

❷ 가로 방향으로 타월을 코 아랫부분에 올려놓는다.

❸ 비공(콧구멍)을 제외한 안면 전체를 감싸준 후 이마 → 볼 → 턱 → 눈 순으로 가볍게 눌러준다.

❹ 양손을 타월 안으로 넣고 눈을 가볍게 쓰다듬어 닦아준 후 한쪽씩 꼼꼼하게 닦아준다.

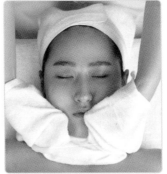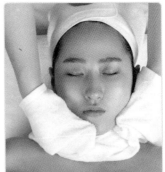

❺ 안면 전체를 안에서 바깥 방향으로 눈 → 이마 → 코 → 볼 → 인중 → 턱 → 턱선을 지나 귀까지 닦아준다.

(9) 토너 닦아주기

한 손으로 닦아주기

❶ 토너로 화장솜을 적신다.

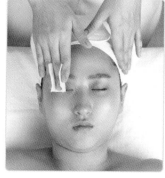

❷ 한 손으로 양눈두덩을 안쪽에서 바깥 방향으로 한쪽씩 닦아준다.

❸ 이마 전체를 왼쪽에서 오른쪽으로 나선형을 그리듯이 닦아준다.

❹ 오른쪽 볼을 바깥쪽으로 쓸어주듯이 닦아준다.

❺ 턱을 둥글리듯이 닦아준다.

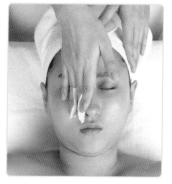

❻ 왼쪽 볼을 지나 코를 지그재그로 쓸어주듯이 닦아준다.

❼ 인중을 닦아준다.

양손으로 닦아주기

① 토너로 화장솜을 적신다.

② 양눈두덩을 안쪽에서 바깥 방향으로 닦아준다.

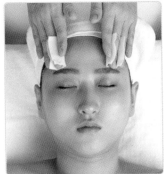

③ 이마 중앙에서 관자놀이 방향으로 가로로 닦아준다.

④ 양손 교대로 콧등과 콧벽을 쓸어내리듯이 닦아준다.

⑤ 양볼을 안에서 바깥 방향으로 닦아준다.

⑥ 양손 교대로 턱을 닦아준다.

4 스크럽 딥 클렌징

딥 클렌징(스크럽) 작업시간 미리보기

총 10분

3분 30초	1분 30초	5분
손 소독 스크럽 도포 아이패드 얹기 (유리볼 정리)	손 소독 러빙하기	해면 닦기, 온습포 닦기, 토너 정리

※ 딥 클렌징의 관리범위는 얼굴이며, 목을 닦으면 감점임

중점	피부 유형에 적합한 제품을 선택했는가를 평가한다.
부연설명	제품의 선택 및 적용이 적합해야 한다.

(1) 손 소독하기

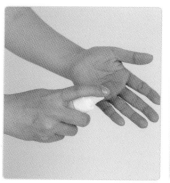 

스프레이 또는 알콜솜으로 소독한다.

중점	작업의 효율성을 평가한다.
부연설명	사용방법이 정확해야 한다.

(2) 스크럽 도포하기

❶ 적당량의 스크럽을 유리볼에 덜어 놓는다.　❷ 팩 붓을 이용하여 턱에서 볼까지 펴 바른다.　❸ 코에서 이마 순으로 얼굴 전체에 펴 바른다.

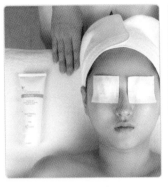  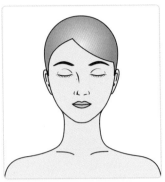

❹ 아이패드를 얹고 사용한 제품을 베   ❺ 러빙할 물을 미리 준비해둔다.
　드 위에 올려놓는다.

(3) 손 소독하기

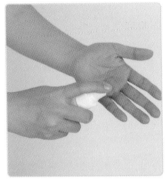 

스프레이 또는 알콜솜으로 소독한다.

(4) 스크럽 문지르기

❶ 준비해 둔 물을 양손에 적당량 묻힌다.   ❷ 물을 양볼에 적당량 찍어준다.   ❸ 물을 이마에 적당량 찍어준다.

④ 손가락 지문 부위로 부드럽게 턱을 문지른다.

⑤ 손가락 지문 부위로 부드럽게 볼을 문지른다.

⑥ 손가락 지문 부위로 부드럽게 콧방 울을 문지른다.

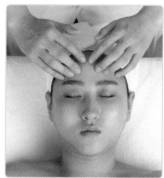

⑦ 손가락 지문 부위로 부드럽게 이마 를 문지른다.

중점	딥 클렌징이 잘되었는가를 평가한다.
부연설명	• 제품의 잔여물을 청결하게 닦아야 한다. • 타월 및 해면 사용을 올바르게 해야 한다. • 토너 사용을 올바르게 해야 한다.

(5) 해면으로 닦아주기

❶ 양눈 안쪽에서 눈꼬리 방향으로 닦아준다.

❷ 양손 교대로 세로 방향으로 닦아준다.

❸ 이마 중앙에서 관자놀이 방향으로 쓸어내린다.

❹ 양눈 안쪽에서 눈꼬리 방향으로 닦아준다.

❺ 양볼을 안에서 바깥 방향으로 닦아준다.

❻ 인중 부위를 바깥 방향으로 닦아준다.

❼ 양손 교대로 턱을 닦아준다.

❽ 양손을 같이 턱 중앙에서 귀 방향으로 닦아준다.

❾ 턱선을 따라 쓸어준 후 귀까지 닦아준다.

> **Tip** 해면 사용 시 해면의 방향을 돌려가면서 위생적으로 사용

(6) 온습포 닦아주기

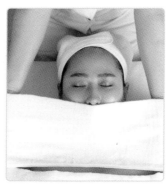

❶ 손목 안쪽으로 온습포의 온도를 체크한다.

❷ 가로 방향으로 타월을 코 아랫부분에 올려놓는다.

❸ 비공(콧구멍)을 제외한 안면 전체를 감싸준 후 이마 → 볼 → 턱 → 눈 순으로 가볍게 눌러준다.

❹ 양손을 타월 안으로 넣고 눈을 가볍게 쓰다듬어 닦아준 후 한쪽씩 꼼꼼하게 닦아준다.

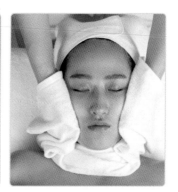

❺ 안면 전체를 안에서 바깥 방향으로 눈 → 이마 → 코 → 볼 → 인중 → 턱 → 턱선을 지나 귀까지 닦아준다.

(7) 토너 닦아주기

한 손으로 닦아주기

 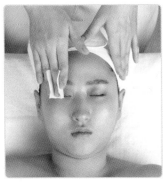 

❶ 토너로 화장솜을 적신다.

❷ 한 손으로 양 눈두덩을 안쪽에서 바깥 방향으로 한쪽씩 닦아준다.

❸ 이마 전체를 왼쪽에서 오른쪽으로 나선형 그리듯이 닦아준다.

 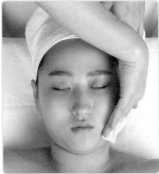 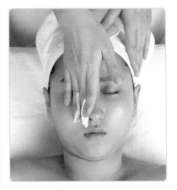

❹ 오른쪽 볼을 바깥쪽으로 쓸어주듯이 닦아준다.

❺ 턱을 둥글리듯이 닦아준다.

❻ 왼쪽 볼을 지나 코를 지그재그로 쓸어주듯이 닦아준다.

❼ 인중을 닦아준다.

양손으로 닦아주기

❶ 토너로 화장솜을 적신다.

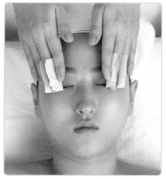

❷ 양눈두덩을 안쪽에서 바깥 방향으로 닦아준다.

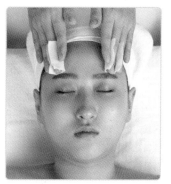

❸ 이마 중앙에서 관자놀이 방향으로 가로로 닦아준다.

❹ 양손 교대로 콧등과 콧벽을 쓸어내리듯이 닦아준다.

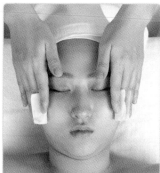

❺ 양볼을 안에서 바깥 방향으로 닦아준다.

❻ 양손 교대로 턱을 닦아준다.

Section 4 평가

1 평가 준거

평가자는 학습자가 수행준거 및 평가 시 고려사항에 제시되어 있는 내용을 성공적으로 수행하였는지를 평가해야 한다.

학습내용	평가항목	성취수준		
		상	중	하
딥 클렌징	피부 유형별 상태에 따라 딥 클렌징제를 선택할 수 있다.			
	딥 클렌징 제품 종류에 따라 올바른 관리 방법을 적용할 수 있다.			
	피부 유형에 맞는 제품과 테크닉으로 딥 클렌징을 적용할 수 있다.			
	온습포 또는 경우에 따라 냉습포로 닦아내고 토너로 정리할 수 있다.			

2 평가 방법

(1) 평가자 체크리스트

학습내용	평가항목	성취수준		
		상	중	하
딥 클렌징	작업 위생 상태			
	피부 유형에 맞는 화장품 적용 여부			
	딥 클렌징 방법과 테크닉			
	온 · 냉습포 사용 여부			
	토너 사용 여부			
	마무리 여부			

(2) 작업장 평가

학습내용	평가항목	성취수준		
		상	중	하
딥 클렌징	작업 위생 상태			
	피부 유형별로 딥 클렌징 제품 선택 여부			
	제품 유형별로 딥 클렌징 작업 여부			
	얼굴 딥 클렌징 올바른 적용 여부			

딥 클렌징 최종 점검하기

✓ 주의사항

- 제품특징을 살려 위생적으로 사용해야 한다.
- 얼굴 범위(턱선)까지만 관리해야 한다.
- 효소를 준비할 때는 너무 묽지 않도록 준비한다.
- 고마쥐 문지르기 시 해면 사용 후 티슈를 제거한다.
- 고마쥐 문지르기는 이마와 오른쪽 볼 부위만 한다.
- 스크럽 문지르기는 지나친 러빙을 피해야 한다.
- 잔여물이 남지 않게 깨끗이 닦아야 한다.
- 다음 단계를 위한 토너를 사용해야 한다.

✓ 딥 클렌징 Check Point!

- 효소, AHA 딥 클렌징 시 아이패드를 먼저 적용한 후 펴 바른다.
- 효소 딥 클렌징 시 온습포 2장이 적용된다.
- 스크럽 문지르기 시 지나친 러빙은 피한다.
- AHA 마무리에는 냉습포를 적용해야 한다.

✓ 감점요인

딥 클렌징 후 피부에 잔여물이 남아있는 경우

15분

학습목표
- 피부 유형별 상태에 따라 관리 방법과 제품을 선택할 수 있다.
- 매뉴얼 테크닉의 전체 과정을 이해할 수 있다.
- 관리 시 올바른 자세로 동작의 속도, 강약, 리듬, 유연성, 밀착성을 유지하면서 매뉴얼 테크닉을 수행할 수 있다.
- 매뉴얼 테크닉 후 마무리 작업을 적절하게 할 수 있다.

Section 1 | 매뉴얼 테크닉의 이해

1 매뉴얼 테크닉

(1) 목적 및 효과

① 혈액과 림프의 순환을 촉진한다.

② 피부 모세혈관을 강화시킨다.

③ 결체조직의 긴장과 탄력성을 증가시킨다.

④ 세포의 재생을 도와준다.

⑤ 심리적 안정감을 준다.

⑥ 화장품 유효물질의 흡수를 도와준다.

⑦ 내분비 기능에 도움을 준다.

(2) 구성요소

① 세기 : 매뉴얼 테크닉은 피부에 손을 밀착시켜 강약을 주면서 연결하여 시술한다.

② 동작 : 5가지 시술 방법이 포함되도록 한다(경찰법, 강찰법, 유연법, 고타법, 진동법).

③ 속도와 리듬 : 너무 빠르거나 느리지 않도록 적절한 리듬에 맞춰 실행한다.

④ 유연성 : 피부 상태에 따라 오일이나 크림을 사용하여 시술한다.

⑤ 밀착감 : 관리사는 바른 자세를 유지하면서 체중을 실어 관리한다.

⑥ 방향 : 동작은 피부결 방향으로 한다.

(3) 기본동작

쓰다듬기 (경찰법, Effleurage)	혈액순환 및 근육이완, 피부 진정작용을 하며, 매뉴얼 테크닉의 시작과 마무리 시에 적용한다.
문지르기 (강찰법, Friction)	피부 신진대사를 활성화시키고, 네 손가락의 끝부분이나 엄지손가락으로 원 그리기한다.
주무르기 (유연법, Petrissage)	유연법의 종류 • 롤링 : 나선형으로 굴리는 동작 • 린징 : 양손을 이용하여 비틀 듯이 행하는 동작 • 처킹 : 피부를 가볍게 상·하로 움직이는 동작
두드리기 (고타법, Tapotment)	혈액순환을 촉진시키고, 신경을 자극하여 피부 탄력을 증진시킨다. 고타법의 종류 • 태핑 : 손가락을 이용하여 두드리기 • 슬래핑 : 손바닥을 이용하여 두드리기 • 비팅 : 주먹을 가볍게 쥐고 두드리기 • 커핑 : 손바닥을 오므린 상태로 두드리기
떨기 (진동법, Vibration)	혈액 및 림프의 순환을 촉진시키고, 근육을 이완시키며, 피부 탄력을 증진시킨다.

(4) 매뉴얼 테크닉을 하지 말아야 하는 경우

① 자외선으로 인한 홍반이 있는 경우

② 염증성 질환(악성종양이나 화농성 피부염, 피부 질환)이 있는 경우

③ 골절상으로 인한 통증이 있는 경우

④ 감염성 질환을 가지고 있는 경우

Section 2 사전준비 및 수행순서

요구내용	화장품(크림 혹은 오일 타입)을 관리 부위에 도포하고, 적절한 동작을 사용하여 관리한 후, 피부를 정돈하시오.
시간	15분
과제 준비물	정리대, 매뉴얼 테크닉 제품, 스파츌라, 토너, 티슈, 해면, 화장솜, 볼, 온습포
유의사항	① 얼굴 관리 중 클렌징, 손을 이용한 관리, 팩 작업에서의 관리범위는 얼굴부터 데콜테(가슴(Breast)은 제외)까지를 말하며, 겨드랑이 안쪽 부위는 제외된다. ② 총작업시간의 90% 이상을 사용한다. ③ 고객을 위한 위생을 철저히 점검한다. ④ 해당 관리 부위 외 모델의 노출을 최소화한다. ⑤ 액세서리는 착용하지 않는다. ⑥ 대타월로 고객을 덮어 준다. ⑦ 헤어터번으로 머리카락을 감싼다. ⑧ 귀가 접히지 않도록 한다.
관리범위	
수행순서	① 손 소독을 한다. ② 헤어터번으로 머리카락을 감싼다. ③ 매뉴얼 테크닉 제품은 피부 유형에 맞게 선택하여 사용한다. ④ 매뉴얼 테크닉 한다. ⑤ 티슈로 닦아낸다. ⑥ 온습포로 닦아낸다. ⑦ 마무리 작업한다.

Section 3 손을 이용한 관리하기

손을 이용한 관리 작업시간 미리보기

총 15분

10분	5분
손 소독 크림(혹은 오일) 도포 데콜테, 얼굴 매뉴얼 테크닉	티슈 정리, 해면 닦기, 온습포 닦기, 토너 정리

※ 피부 밀착성, 동작의 연결과 리듬, 정확성에 주의하며 매뉴얼 테크닉을 실시함

중점	손을 이용한 관리(매뉴얼 테크닉)의 기본 이해가 되어 있는가를 평가한다.
부연설명	• 피부 유형에 따라 적절한 동작을 선택한다. • 제품 특징에 맞게 위생적으로 사용한다.

1 손 소독하기

스프레이 또는 알콜솜으로 소독한다.

2 크림 준비하기

  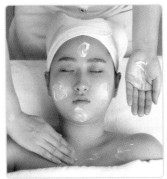

❶ 스파츌라를 이용하여 크림을 덜어 준다.

❷ 크림을 손바닥에 적당량 덜어준다.

❸ 이마, 볼, 턱, 목, 데콜테 순으로 크 림을 찍어준다.

3 크림 도포하기

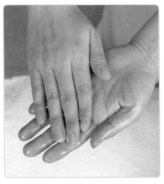 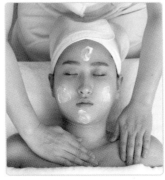 

❶ 크림을 두 손으로 비벼서 녹여준다.

❷ 데콜테 부위의 크림을 가로 방향으 로 펴준다.

❸ 목 부위의 크림을 가로 방향으로 펴 준다.

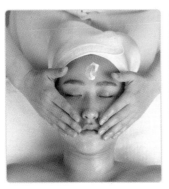  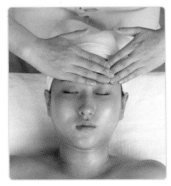

❹ 턱 중앙에서 두 손을 모아 볼을 감 싸듯이 귀 방향으로 펴준다.

❺ 콧방울 옆에서 뺨을 감싸듯이 귀 방 향으로 펴준다.

❻ 양손바닥을 교대로 이마를 가로 방 향으로 펴준다.

4 **데콜테 매뉴얼 테크닉**

중점	5가지 기본 동작을 이용하여 마사지하는가를 평가한다.
부연설명	• 피부 유형 및 부위에 따라 동작을 적절히 안배해야 한다. • 동작은 밀착감과 리듬감이 적합해야 한다. • 동작의 속도감은 맥박이 뛰는 속도와 일치해야 한다. • 동작은 유연하게 연결되어야 한다.

(1) 데콜테 쓰다듬기

  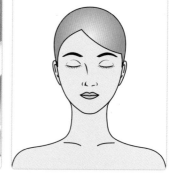

양손바닥을 이용하여 데콜테 중앙에서 바깥 방향으로 쓰다듬어준다.

Tip 주어진 일러스트에 테크닉 동작을 따라 화살표로 그려보세요!

(2) 나선형 문지르기

  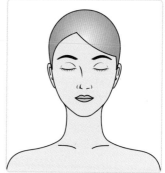

양 네 손가락 전체로 데콜테 중앙에서 바깥 방향으로 나선형을 그리듯이 문질러준다.

(3) 물결모양 쓰다듬기

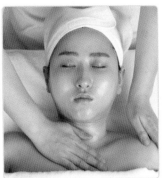

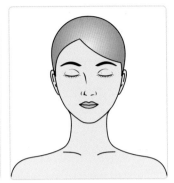

한 손은 어깨에 두고 다른 한 손의 손바닥을 이용하여 데콜테 전체를 물결 모양으로 쓰다듬기 한다.

(4) 바이브레이션

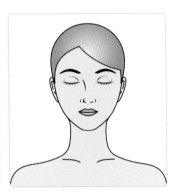

양손 네 손가락 전체로 데콜테 중앙에서 바깥 방향으로 바이브레이션 한다.

(5) 쓰다듬어 마무리하기

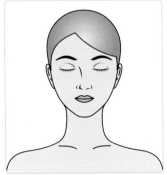

양손바닥을 이용하여 데콜테 중앙에서 바깥 방향으로 쓰다듬기 한다.

(6) 목 쓰다듬기

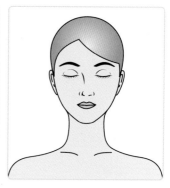

양손바닥을 이용하여 목 전체를 가로, 세로로 쓰다듬기 한다.

5 얼굴 매뉴얼 테크닉

(1) 턱선 쓰다듬기

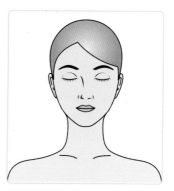

손바닥 전체를 이용하여 한 손씩 교대로 턱선을 감싸듯이 귀 밑 방향으로 쓰다듬기 한다.

(2) 볼 반죽하기

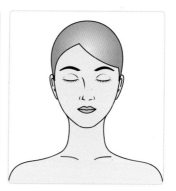

양 네 손가락은 턱 밑을 받치고, 양쪽 엄지를 이용하여 볼을 집어주듯이 반죽하기 한다.

(3) 볼 굴리기

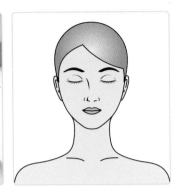

양손바닥을 이용하여 양쪽 볼 전체를 둥글리기 한다.

(4) 팔자 주름 선 쓰다듬기

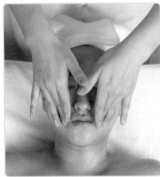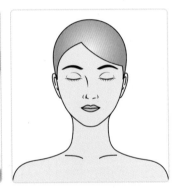

양손의 중지를 이용하여 팔자 주름 선을 따라 위아래로 쓰다듬기 하며 올려준다.

(5) 팔자 주름 선 나선형 문지르기

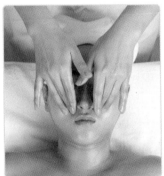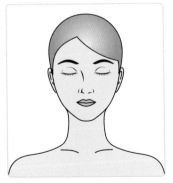

양손의 중지를 이용하여 팔자 주름 선을 따라 나선형 모양으로 쓰다듬기 하며 올려준다.

(6) 팔자 주름 선 가볍게 두드리기

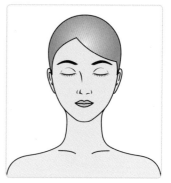

양손가락 끝을 이용하여 팔자 주름 선을 따라 가볍게 두드리기 한다.

(7) 입꼬리 C자 모양 쓰다듬기

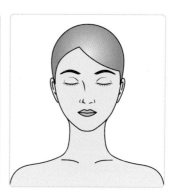

양손의 중지를 이용하여 입꼬리를 지긋이 C자 모양으로 끌어올리듯이 쓰다듬기
한다.

(8) 코 쓰다듬기

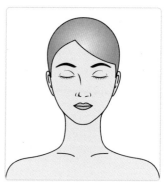

양손 깍지를 끼고 중지를 이용하여 콧방울과 콧벽을 둥글리기 한다.

(9) 눈 주위 둥글려 쓰다듬기

  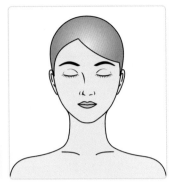

양손가락 전체로 눈 주위를 쓰다듬듯이 둥글리기 한다.

(10) 눈썹 집어주기

  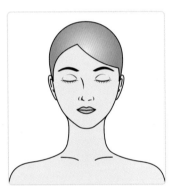

양손 엄지와 검지로 눈썹 부위를 바깥 방향으로 집어주기 한다.

(11) 눈꼬리 8자 모양 쓰다듬기

 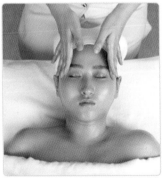 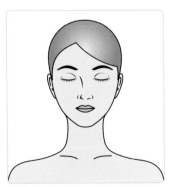

양손 중지의 지문 부위를 이용하여 눈꼬리 부위를 8자 모양 그리듯이 쓸어주기
한다.

(12) 눈꼬리 X자 모양 쓰다듬기

  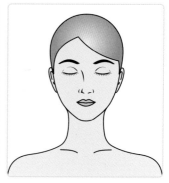

양손 중지와 약지로 눈꼬리 부위를 X자 모양으로 쓰다듬기 한다.

(13) 눈 주위 큰 8자 모양 쓰다듬기

  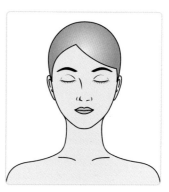

  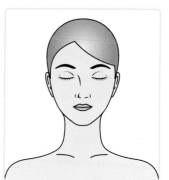

양손가락 끝을 나란히 겹쳐서 관자놀이에서 시작하여 오른쪽 눈 밑을 지나 왼쪽 눈썹을 쓸어주고, 다시 왼쪽 눈 밑을 지나 오른쪽 눈썹을 따라 눈 주위 전체를 8자 모양 그리듯이 크게 쓸어준다.

(14) 이마 가로로 쓰다듬기

 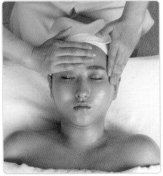 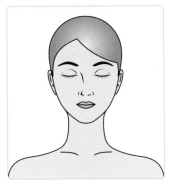

양손바닥을 이용하여 이마 전체를 가로로 쓰다듬기 한다.

(15) 이마 지그재그 문지르기

 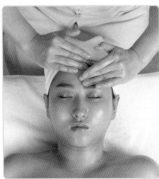 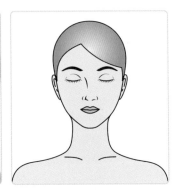

양손 네 손가락의 지문 부위를 이용하여 이마를 지그재그로 문지르기 한다.

(16) 미간 세로로 쓰다듬기

 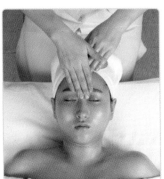 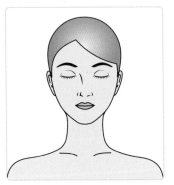

양손 네 손가락의 지문 부위를 이용하여 미간 중앙을 세로로 쓰다듬기 한다.

(17) 미간 V자 나선형 쓰다듬기

  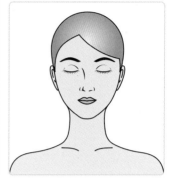

한 손의 검지와 중지를 이용하여 미간 부위를 V자로 텐션을 준 후 다른 한 손 중지와 약지의 지문 부위로 나선형을 그리듯이 쓰다듬기 한다.

(18) 이마 X자 모양 쓰다듬기

 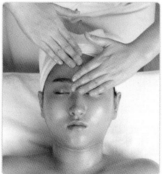 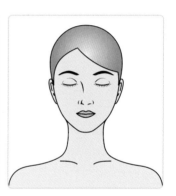

양손 네 손가락을 이용하여 이마 전체를 X자 모양으로 양손을 엇갈려서 쓰다듬기 한다.

(19) 이마 가로 쓰다듬기

  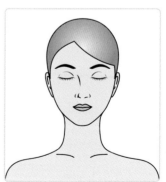

양손바닥을 이용하여 이마 전체를 가로로 쓰다듬기 한다.

(20) 볼 바이브레이션

  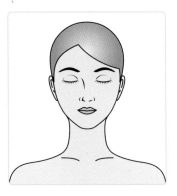

❶ 양손가락 전체를 이용하여 볼을 끌어 올리듯이 한쪽씩 바이브레이션 한다.

  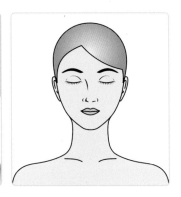

❷ 양손가락 전체를 이용하여 양쪽 볼을 끌어 올리듯이 같이 바이브레이션 한다.

(21) 눈 밑 쓰다듬기

  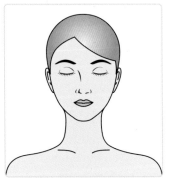

❶ 양손 엄지의 지문 부위로 눈 밑에서 관자놀이까지 부드럽게 쓸어주기 한다.

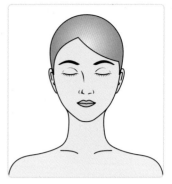

❷ 관자놀이에서부터 양볼을 따라 내려오면서 마무리한다.

(22) 가볍게 두드리기

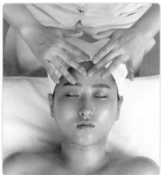
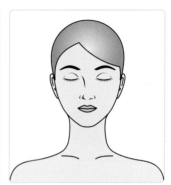

양손 네 손가락을 이용하여 턱에서부터 볼, 콧벽, 이마를 따라 얼굴 전체를 가볍
게 두드리기 한다.

(23) 쓰다듬기 마무리동작

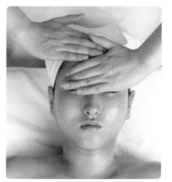

❶ 양손바닥 전체를 이용하여 오른쪽 턱 → 볼 → 이마 → 왼쪽 턱 → 볼 → 이마 순으로 부드럽게 쓰다듬기 한다.

 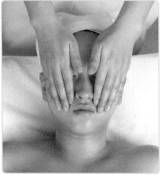 

 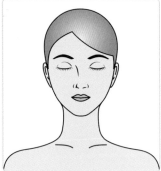

❷ 양손바닥 전체를 이용하여 이마 → 볼 → 턱 → 귀 밑 방향 순으로 쓰다듬어 최종 마무리한다.

중점	제품 특징에 적합하게 마무리했는가를 평가한다.
부연설명	• 마사지 후 제품의 잔여물이 남아있지 않게 해야 한다. • 다음 단계를 위하여 토너를 사용한다. • 마사지 후 주변이 깨끗하게 정리정돈되어 있어야 한다.

6 티슈로 닦아주기

❶ 티슈를 삼각형 꼭지가 이마 쪽으로 가도록 코 위에 올려놓는다.

❷ 콧방울 부위를 살짝 누르면서 귀 방향으로 쓰다듬기 한다.

❸ 한쪽 귀 옆을 중지로 고정시킨 후 반대 방향으로 돌려 코 아래에 올려놓는다.

❹ 입 주위와 볼 아래를 귀 방향으로 쓰다듬기 한다.

❺ 반으로 접어서 목 위에 올려놓고 쓰다듬기 한다.

❻ 데콜테 위에 올려놓고 쓰다듬기 한다.

❼ 티슈를 접어 눈, 이마, 볼, 턱 순으로 가볍게 누르듯이 세심하게 닦아준다.

Tip 57페이지 티슈 접는 법 참고

7 해면으로 닦아주기

❶ 양눈 안쪽에서 눈꼬리 방향으로 닦아준다.

❷ 양손 교대로 세로 방향으로 닦아준다.

❸ 이마 중앙에서 관자놀이 방향으로 쓸어내린다.

❹ 양손 교대로 콧등과 콧벽을 쓸어내린다.

❺ 양볼을 안에서 바깥 방향으로 닦아준다.

❻ 인중 부위를 바깥 방향으로 닦아준다.

❼ 양손 교대로 턱을 닦아준다.

❽ 양손을 같이 턱 중앙에서 귀 방향으로 닦아준다.

❾ 턱선을 따라 쓸어준 후 귀까지 닦아준다.

⑩ 해면을 겹쳐서 목 전체를 가로 방향으로 닦아준다.

⑪ 데콜테 부위를 가로 방향으로 닦아준다.

⑫ 어깨선과 목선을 지나 귀를 감싸 닦으면서 마무리한다.

Tip 해면 사용 시 해면의 방향을 돌려가면서 위생적으로 사용

⑧ 온습포 닦아주기

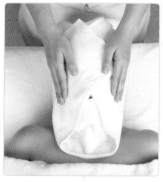

❶ 손목 안쪽으로 온습포의 온도를 체크한다.

❷ 가로 방향으로 타월을 코 아랫부분에 올려놓는다.

❸ 비공(콧구멍)을 제외한 안면 전체를 감싸준 후 이마 → 볼 → 턱 → 눈 순으로 가볍게 눌러준다.

❹ 양손을 타월 안으로 넣고 눈을 가볍게 쓰다듬어 닦아준 후 한쪽씩 꼼꼼하게 닦아준다.

⑤ 안면 전체를 안에서 바깥 방향으로 눈 → 이마 → 코 → 볼 → 인중 → 턱 → 턱선을 지나 귀까지 닦아준다.

⑥ 목주름 선을 따라 가로 방향으로 빼 듯이 닦아준다.

⑦ 타월을 반으로 접어서 손바닥 위에 올려놓고 감싸 잡은 후 목 중앙 → 귀 방향, 데콜테 중앙 → 어깨선을 지나 귀 방향으로 닦아준다.

9 토너 닦아주기

한 손으로 닦아주기

❶ 토너를 화장솜에 적신다.

❷ 한 손으로 양 눈두덩을 안쪽에서 바깥 방향으로 한쪽씩 닦아준다.

❸ 이마 전체를 왼쪽에서 오른쪽으로 나선형을 그리듯이 닦아준다.

❹ 오른쪽 볼을 바깥쪽으로 쓸어주듯이 닦아준다.

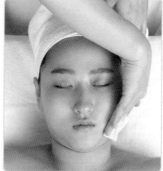

❺ 턱을 둥글리듯이 닦아준다.

❻ 왼쪽 볼을 지나 코를 지그재그로 쓸어주듯이 닦아준다.

❼ 인중을 닦아준다.

❽ 목을 가로 방향으로 닦아준다.

❾ 데콜테 부위를 가로 방향으로 닦아준다.

양손으로 닦아주기

❶ 토너를 화장솜에 적신다.

❷ 양눈두덩을 안쪽에서 바깥 방향으로 닦아준다.

❸ 이마 중앙에서 관자놀이 방향으로 가로로 닦아준다.

❹ 양손 교대로 콧등과 콧벽을 쓸어내리듯이 닦아준다.

❺ 양볼을 안에서 바깥 방향으로 닦아준다.

❻ 양손 교대로 턱을 닦아준다.

❼ 양손 교대로 목을 닦아준다.

❽ 양손 교대로 데콜테 부위를 닦아준다.

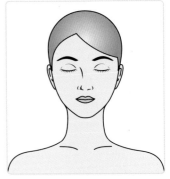

Section 4   **평가**

1 평가 준거

평가자는 학습자가 수행준거 및 평가 시 고려사항에 제시되어 있는 내용을 성공적으로 수행하였는지를 평가해야 한다.

학습내용	평가항목	성취수준		
		상	중	하
매뉴얼 테크닉	피부 유형별 상태에 따라 관리 방법과 제품을 선택할 수 있다.			
	매뉴얼 테크닉의 전체 과정을 이해할 수 있다.			
	관리 시 올바른 자세로 동작의 속도, 강약, 리듬, 유연성, 밀착성을 유지하면서 매뉴얼 테크닉을 수행할 수 있다.			
	매뉴얼 테크닉 후 마무리 작업을 적절하게 할 수 있다.			

2 평가 방법

(1) 평가자 체크리스트

학습내용	평가항목	성취수준		
		상	중	하
매뉴얼 테크닉	작업 위생 상태			
	피부 유형에 맞는 화장품 적용 여부			
	매뉴얼 테크닉 방법 수행 여부			
	온 · 냉습포 사용 여부			
	토너 사용 여부			
	마무리 작업 여부			

(2) 작업장 평가

학습내용	평가항목	성취수준		
		상	중	하
매뉴얼 테크닉	작업 위생 상태			
	피부 유형별로 매뉴얼 테크닉 제품 선택 여부			
	매뉴얼 테크닉 방법 수행 여부			
	마무리 작업 여부			

손을 이용한 관리 최종 점검하기

✔ **주의사항**

- 제품특징을 살려 위생적으로 사용해야 한다.
- 매뉴얼 테크닉 동작은 강약, 리듬, 연결성, 유연성, 밀착성을 적절하게 적용한다.
- 매뉴얼 테크닉 시 너무 강한 압력이나 직접적인 지압행위는 삼간다.
- 잔여물이 남지 않게 깨끗이 닦아야 한다.
- 다음 단계를 위한 토너를 사용해야 한다.

✔ **손을 이용한 관리 Check Point!**

▲ 목주름 선 　　　▲ 데콜테 부위 　　　▲ 어깨선, 귀 밑 부위

✔ **감점요인**

피부에 크림 잔여물이 남아있는 경우

- 피부 유형에 따라 팩의 적용 방법과 제품을 선택할 수 있다.
- 팩의 적용 부위와 범위에 따라 팩을 도포할 수 있다.
- 팩 도포 시 도포 두께와 시간을 적절하게 적용할 수 있다.
- 냉습포로 닦아내고 토너로 정리할 수 있다.

Section 1 **팩의 이해**

1 팩의 효과

① 피부의 신진대사 촉진

② 유효성분 공급

③ 피부 청정 효과, 살균 효과

④ 수분공급으로 진정 효과

⑤ 미백 효과

⑥ 각질 제거 효과

2 팩의 종류

(1) 워시 오프 타입

① 도포 후 일정시간이 지나고 미온수로 닦아내는 형태의 팩이다.

② 점토 타입, 크림 타입, 젤 타입 등이 있다.

③ 피부에 자극이 적다.

(2) 필 오프 타입(고무모델링 마스크, 석고 마스크)

① 바른 후 건조되면 얇은 필름막이 되거나 굳어져 벗겨내는 타입이다.

② 피지나 죽은 각질이 함께 제거된다.

③ 떼어낼 때 피부에 자극이 가지 않도록 한다.

(3) 티슈 오프 타입

① 티슈로 닦아내는 방법이다.

② 팩이 피부에 남아 있어도 상관없는 보습, 영양공급 효과가 뛰어난 제품이다.

③ 건성, 노화피부에 효과적이다.

④ 여드름, 지성피부는 적합하지 않다.

Section 2 사전준비 및 수행순서

요구내용	팩을 위한 기본 전처리를 실시한 후, 제시된 피부 타입에 적합한 제품을 선택하여 관리 부위에 적당량을 도포하고, 일정시간 경과 뒤 팩을 제거한 후, 피부를 정돈하시오. ※ 팩을 도포한 부위는 코튼으로 덮지 마시오.
시간	10분
과제 준비물	정리대, 소독제, 크림 팩(피부 유형별), 토너, 아이크림, 립크림, 해면, 유리볼, 화장솜, 스파츌라, 팩 붓, 냉습포
유의사항	① 팩은 요구되는 피부 타입에 따라 제품을 선택하여 사용하고, 붓 또는 스파츌라를 사용하여 관리 부위에 도포한다. ② 얼굴 관리 중 클렌징, 손을 이용한 관리, 팩 작업에서의 관리범위는 얼굴부터 데콜테(가슴(Breast)은 제외)까지를 말하며, 겨드랑이 안쪽 부위는 제외된다. ③ 총작업시간의 90% 이상을 사용한다. ④ 고객을 위한 위생을 철저히 점검한다. ⑤ 가슴 윗부분만 보이게 준비한다. ⑥ 액세서리는 착용하지 않는다. ⑦ 대타월로 고객을 덮어 준다. ⑧ 헤어터번으로 머리카락을 감싼다. ⑨ 귀가 접히지 않도록 한다.

관리범위	 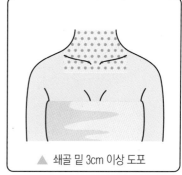 ▲ 쇄골 밑 3cm 이상 도포
수행순서	① 손 소독하기 ② 아이크림, 립크림 바르기 ③ 부위별 팩 도포하기 ④ 해면으로 닦아내기 ⑤ 냉습포로 닦아내기 ⑥ 토너 정리하기

Section **3** 팩 관리하기

팩 작업시간 미리보기

총 10분

5분	5분
손 소독 립 · 아이크림 도포 유리볼에 팩 덜고, 제품 베드 위에 놓기 팩 도포 아이패드 얹기 (유리볼 정리, 팩 제자리에 놓기)	아이패드 제거 해면 닦기, 냉습포 닦기, 토너 정리

※ 유리볼에 팩을 덜어낸 후 잊지 않고 베드 위에 사용한 제품을 올려놓아야 함

중점	팩의 기본 이해가 되어 있어야 한다.
부연설명	• 피부 유형에 적합한 팩을 선택한다. • 부위에 따라 적합한 팩을 선택한다.

1 손 소독하기

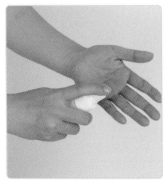

스프레이 또는 알콜솜으로 소독한다.

2 아이크림, 립크림 바르기

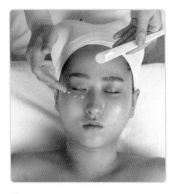

❶ 아이크림과 립크림을 스파츌라에 덜어 눈가와 입술에 적당량을 바른다.

❷ 가볍게 손끝으로 크림을 펴 바르듯이 흡수시킨다.

3 팩 도포하기

중점	팩을 올바르게 도포한다.
부연설명	• 섬세하게 도포해야 한다. • 아이패드를 해야 한다. • 팩 특징에 따라 정확하게 도포해야 한다. • 순서대로 올바르게 도포한다.

(1) 타입별 팩 준비하기

 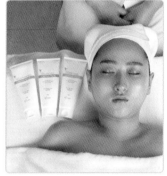

❶ 제시된 타입별로 팩을 유리볼에 덜어 놓는다.

❷ 팩제는 감독관이 확인할 수 있게 침대에 놓아둔다.

(2) U존 팩 도포하기

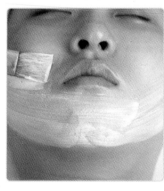  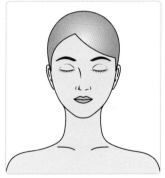

턱 하단을 포함하여 양볼, 인중까지 U존 전체 부위에 균일한 두께로 팩을 도포한다. 근육결 방향으로 너무 얇지 않게 바른다.

Tip U존과 T존의 팩 도포 순서에 따른 채점 상의 구분은 없으나, 얼굴 부위를 먼저 도포하고, 데콜테를 나중에 도포함

(3) T존 팩 도포하기

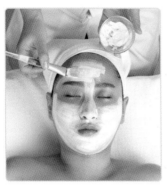  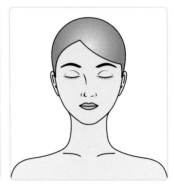

코와 이마 전체 부위에 균일한 두께로 팩을 도포한다.

(4) 목 부위 팩 도포하기

 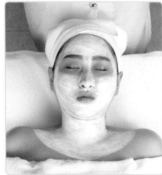 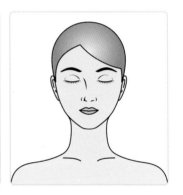

목 전면 부위와 쇄골 밑 3cm 범위까지 팩을 균일한 두께로 도포한다.

(5) 완성

팩 도포가 끝나면 아이패드를 눈 부위
에 올린다.

> **Tip** 부위별 팩 타입이 다를 경우 경계선이 겹치지 않게 바르되, 너무 간격이 떨어지지 않게 함
> 팩은 쇄골 아래 3cm 정도까지 적당량 도포하고, 팩을 도포한 부위는 코튼으로 덮지 말 것

4 해면으로 닦아내기

중점	팩 잔여물이 깨끗이 닦아졌는가를 평가한다.
부연설명	• 팩 잔여물이 남지 않도록 한다. • 토너를 사용한다. • 팩 제거 후 주변이 깨끗하게 정리정돈되어 있어야 한다.

❶ 눈머리에서 눈꼬리 방향으로 부드럽게 닦아낸다.

❷ 이마 전체를 위쪽 방향으로 닦아낸다.

❸ 헤어라인을 따라 이마 중앙에서 관자놀이까지 닦아낸다.

❹ 코를 아래 방향으로 닦아낸다.

❺ 볼 부위를 안쪽에서 바깥 방향으로 닦아낸다.

❻ 인중 부위를 닦아낸다.

❼ 턱 부위를 닦아낸다.　　　　　❽ 턱선을 따라 귀 앞 선까지 닦아낸다.

❾ 해면을 겹쳐서 목, 쇄골, 가슴 위까지 닦아낸다.

❿ 어깨선을 따라 닦아낸다. 손을 바꿔
　서 반대쪽 목 부위도 반복해서 닦
　아낸다.

Tip　해면 사용 시 해면의 방향을 돌려가면서 위생적으로 사용

5 냉습포로 닦아내기

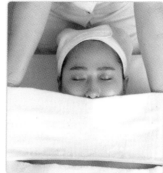
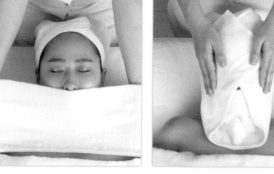

❶ 손목 안쪽으로 온도를 체크한다.

Tip 냉습포 사용 시에도 차갑지 않은 지 온도를 체크

❷ 길게 반으로 접은 습포를 얼굴 부위에 삼각접기해서 올려 둔다. 이때 비공(콧구멍)이 막히지 않도록 주의한다.

❸ 엄지손가락 끝으로 부드럽게 눈 부위를 닦아낸다.

❹ 엄지손가락 측면을 이용하여 이마를 부드럽게 닦아낸다.

❺ 엄지손가락 끝으로 코 부위를 꼼꼼하게 닦아낸다.

6 엄지손가락 측면으로 볼 부위를 안에서 밖으로 닦아낸다.

7 인중 부위를 닦아낸다.

8 입술을 부드럽게 닦아낸다.

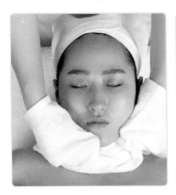

9 턱 부위를 닦아낸다.

10 턱선을 따라 귀 부위까지 닦아낸다.

11 수건을 목 한쪽으로 빼준다.

12 습포를 한 손에 감아서 한쪽씩 목과 데콜테 부위를 닦아낸다. 반대쪽도 반복한다.

Tip 팩 사용 후에는 반드시 냉습포를 사용해야 하므로 온장고로 가지 않도록 주의

6 토너 정리하기

한 손으로 닦아주기

❶ 토너로 화장솜을 적신다.

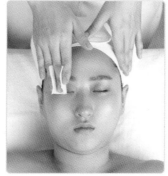

❷ 눈 부위를 닦아낸다.

❸ 이마를 닦아낸다.

❹ 볼을 닦아낸다.

❺ 턱선을 따라 반대쪽 볼로 이동해서 닦아낸다.

❻ 코 부위를 닦아낸다.

❼ 인중을 닦아낸다.

❽ 목과 데콜테를 닦아낸다.

양손으로 닦아주기

❶ 토너로 화장솜을 적신다.

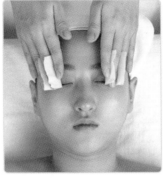

❷ 눈두덩과 눈 밑을 닦아낸다.

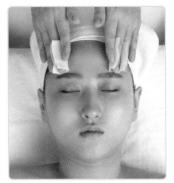

❸ 이마를 닦아낸다.

❹ 코와 인중을 닦아낸다.

❺ 양볼을 닦아낸다.

❻ 목과 데콜테를 닦아낸다.

Section 4 평가

1 평가 준거

평가자는 학습자가 수행준거 및 평가 시 고려사항에 제시되어 있는 내용을 성공적으로 수행하였는지를 평가해야 한다.

학습내용	평가항목	성취수준		
		상	중	하
팩 관리	피부 유형에 따라 팩의 적용 방법과 제품을 선택할 수 있다.			
	팩의 적용 부위와 범위에 따라 팩을 도포할 수 있다.			
	팩 도포 시 도포 두께와 시간을 적절하게 적용할 수 있다.			
	냉습포로 닦아내고 토너로 정리할 수 있다.			

2 평가 방법

(1) 평가자 체크리스트

학습내용	평가항목	성취수준		
		상	중	하
팩 관리	작업 위생 상태			
	피부 유형에 맞는 팩 적용 여부			
	아이크림, 립크림 도포 여부			
	팩 도포 방법과 테크닉			
	냉습포 사용 여부			
	토너 사용 여부			

(2) 작업장 평가

학습내용	평가항목	성취수준		
		상	중	하
팩 관리	왜건, 베드 및 기구 등이 정리정돈되어 있어야 한다.			

팩 최종 점검하기

✔ 주의사항

- 관리계획표 작성 시 제시된 피부 타입별 팩을 도포해야 한다.
- 팩 도포 전에 아이크림, 립크림을 도포한다.
- 팩 도포 시 균일한 두께를 유지한다(너무 얇게 바르지 않도록 한다).
- 부위별 적용 범위의 경계를 넘지 않도록 한다.
- 냉습포를 사용해서 닦아내야 한다.

FAQ 모델

Q. 모델의 조건은 어떻게 되나요?

A. 모델은 기본적으로 메이크업을 하고 와야 하며, 모델의 나이 상한 제한은 없어졌으며 만 14세가 되는 해 출생자부터 모델이 될 수 있습니다. 그리고 한국 국적인 사람 외에 조선족이나 중국계 한족 및 동남아인, 백인 등은 모델로서 가능합니다만 피부색 등이 일반적인 한국인과 많이 달라 감독위원의 채점에 지장을 줄 수 있는 모델은 불가합니다. 그 외에 심한 민감성 피부 혹은 심한 농포성 여드름이 있는 사람(스크럽이나 고마쥐의 1회 관리 시에도 문제가 생기는 피부), 성형수술(코, 눈, 턱 윤곽술, 주름제거 등)을 한 지 6개월 이내인 사람, 임신 중인 사람, 피부 관리에 적합하지 않은 질환 혹은 피부 질환을 가진 사람 등은 모델이 될 수 없으며, 눈썹이 없거나 적어(일반적인 기준으로 가로 길이의 2/3 정도가 되지 않는 경우) 눈썹 관리 작업에 적합하지 않은 사람, 체모가 없거나 아주 적어 제모 시술에 적합하지 않은 사람은 감점 등의 불이익이 있을 수 있습니다. 여성 수험자는 여성 모델을, 남성 수험자는 남성 모델을 준비하시면 되고 사전에 모델에게 작업에 요구되는 노출에 대한 동의를 받으셔야 합니다.

Q. 남자가 응시하게 되는 경우는 모델을 어떻게 해야 하나요?

A. 남자의 경우는 남자 수험자들만 따로, 남성 모델을 대상으로 피부 관리를 하게 됩니다. 그리고 모델은 기본적으로 화장이 되어 있어야 하며, 만약 화장이 필요한 남성 모델의 경우 검정장의 대기실에서 모델 조건에 맞는 화장을 할 수 있도록 할 예정이니 이를 위한 준비를 따로 하시면 됩니다. 그리고 남자 모델은 시험장의 베드에서 관리를 받기 위해 상의를 탈의하여야 하며, 다리 관리 시에는 하의를 탈의하거나, 다리 관리 범위에 지장이 없도록 하의를 관리하도록 해야 됩니다.

PART

07 | 마스크 및 마무리

학습목표

- 피부 유형별 상태에 따라 마스크의 적용 방법과 제품을 선택할 수 있다.
- 마스크 적용 부위와 범위에 맞춰 도포할 수 있다.
- 마스크 적용 시 도포 두께와 적용 시간을 적절하게 할 수 있다.
- 냉습포로 닦아내고 토너 및 마무리 크림 등을 사용할 수 있다.

Section 1 　마스크의 이해

1 마스크의 효과

① 피부의 신진대사 촉진

② 유효성분 공급

③ 피부 청정 효과, 살균 효과

④ 수분공급으로 진정 효과

⑤ 미백 효과

⑥ 각질 제거 효과

2 마스크의 종류

(1) 석고 마스크

① 발열 마스크로서 고영양물질들의 침투를 용이하게 하여 보습 효과를 높이고 필요한 열 (40℃ 이상)을 10~15분 정도 지속적으로 공급한다.

② 재생 및 리프팅 효과를 줘서 노화피부와 건성피부에 효과적이다.

③ 예민한 피부에는 사용을 금지하고, 고객에게 폐쇄공포증이 있는지 미리 체크한다.

(2) 고무모델링 마스크

① 홍반피부에 효과적이고 진정, 청정, 림프순환 등의 효과를 준다.

② 모든 피부에 효과적이다.

(3) 콜라겐 벨벳 마스크

① 천연용해성 콜라겐을 침투시키는 마스크로, 적용 시 기포가 생기지 않도록 한다.

② 피부의 수분, 탄력, 재생력을 증가시킨다.

③ 수분 부족의 건성피부, 노화피부, 예민한 피부, 필링 후 재생피부에 효과적이다.

(4) 파라핀 마스크

① 열과 오일이 모공을 열어주고 피부를 코팅하는 과정에서 발한 작용이 발생한다.

② 열에 의한 마스크이므로 예민한 모세혈관 확장피부에는 사용을 피해야 한다.

Section 2 사전준비 및 수행순서

요구내용	마스크를 위한 기본 전처리를 실시한 후, 지정된 제품을 선택하여 관리 부위에 작업하고, 일정시간 경과 뒤 마스크를 제거한 다음 피부를 정돈한 후 최종 마무리와 주변 정리를 하시오. ※ 제시된 지정 마스크만 사용하시오.
시간	20분
과제 준비물	정리대, 소독제, 고무모델링 마스크, 석고 마스크, 석고 베이스크림, 토너, 아이크림, 립크림, 영양크림, 해면, 유리볼, 화장솜, 스파츌라, 팩 붓, 냉습포, 거즈, 티슈
유의사항	① 마스크의 작업 부위는 얼굴에서 목 경계 부위까지로 작업 시 코와 입에 호흡을 할 수 있도록 해야 한다. ② 총작업시간의 90% 이상을 사용한다. ③ 고객을 위한 위생을 철저히 점검한다. ④ 가슴 윗부분만 보이게 준비한다. ⑤ 액세서리는 착용하지 않는다. ⑥ 대타월로 고객을 덮어 준다. ⑦ 헤어터번으로 머리카락을 감싼다. ⑧ 귀가 접히지 않도록 한다.

	고무모델링 마스크	석고 마스크
수행순서	① 손 소독하기 ② 아이크림, 립크림 바르기 ③ 아이패드 올리기 ④ 고무모델링 마스크 반죽하기 ⑤ 고무모델링 마스크 도포하기 ⑥ 고무모델링 마스크 제거하기 ⑦ 해면으로 닦아내기 ⑧ 냉습포로 닦아내기 ⑨ 토너 정리하기 ⑩ 아이크림, 립크림, 영양크림 바르기	① 손 소독하기 ② 아이크림, 립크림 바르기 ③ 석고 베이스크림 도포하기 ④ 아이패드, 거즈 올리기 ⑤ 석고 마스크 반죽하기 ⑥ 석고 마스크 도포하기 ⑦ 석고 마스크 제거하기 ⑧ 해면으로 닦아내기 ⑨ 냉습포로 닦아내기 ⑩ 토너 정리하기 ⑪ 아이크림, 립크림, 영양크림 바르기

Section 3 마스크 및 마무리하기

1 고무모델링 마스크 관리하기

고무모델링 마스크 작업시간 미리보기

총 20분

10분	4분	6분
손 소독 립 · 아이크림 도포 아이패드 얹기 마스크 반죽 · 도포	말리기 (고무볼 정리)	해면 닦기, 냉습포 닦기 토너 정리 립 · 아이 · 영양크림 도포

※ 마스크의 관리범위는 얼굴에서 목 경계 부위까지이므로 턱까지 마스크를 도포함

중점	마스크의 기본 이해가 되어 있어야 한다.
부연설명	피부 유형에 적합한 마스크를 선택한다.

(1) 손 소독하기

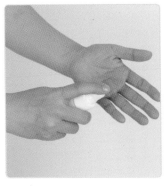 

스프레이 또는 알콜솜으로 소독한다.

(2) 아이크림, 립크림 바르기

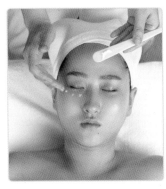 

❶ 아이크림과 립크림을 스파츌라에 덜어 눈가와 입술에 적당량을 바른다.

❷ 가볍게 손끝으로 크림을 펴 바르듯이 흡수시킨다.

(3) 아이패드 올리기

아이패드로 눈 부위를 덮는다.

(4) 고무모델링 마스크 반죽하기

  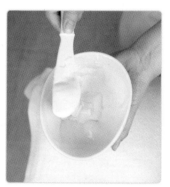

❶ 고무볼에 고무모델링 마스크 분말을 넣고 물을 섞는다.

❷ 고무모델링 마스크 분말과 물을 스파츌라를 사용하여 고루 섞어 잘 개어준다.

❸ 완성된 반죽 상태

Tip 고무모델링 마스크와 물의 양은 분말 3컵(계량컵)에 물 120~130ml 정도가 적당함. 용량표시가 된 물약병에 물을 적당히 준비해서 계량하되, 고무모델링 마스크 반죽 시 물을 한꺼번에 다 넣지 말고, 110ml 정도 넣어 준 다음, 반죽 상태를 보고 물의 양을 맞출 것

중점	마스크를 올바르게 도포한다.
부연설명	• 섬세하게 도포해야 한다. • 아이패드를 해야 한다. • 마스크 특징에 따라 정확하게 도포해야 한다. • 순서대로 올바르게 도포한다.

(5) 고무모델링 마스크 도포하기

❶ 눈과 볼 부위에 고무모델링 마스크를 도포한다.

❷ 반대쪽도 눈과 볼 부위에 도포한다.

❸ 턱선을 따라 도포한다.

❹ 인중 부위에 도포한다.

❺ 코 부위에 도포한다.

❻ 이마 부위에 도포한다.

❼ 완성 상태

> **Tip** 마스크는 턱 하단까지 적용
> 마스크가 마르는 동안 고무볼 등을 정리함

(6) 고무모델링 마스크 제거하기

❶ 얼굴 전체 테두리를 따라 살짝 떼어낸 후, 얼굴 하단부터 위쪽으로 제거한다.

❷ 제거한 고무모델링 마스크는 베드에 올려놓는다.

중점	마스크 잔여물이 깨끗이 닦아졌는가를 평가한다.
부연설명	• 마스크 잔여물이 남지 않도록 한다. • 토너를 사용한다. • 마스크 제거 후 주변이 깨끗하게 정리정돈되어 있어야 한다.

(7) 해면으로 닦아내기

❶ 눈머리에서 눈꼬리 방향으로 부드럽게 닦아낸다.

❷ 이마 전체를 위쪽 방향으로 닦아낸다.

❸ 헤어라인을 따라 이마 중앙에서 관자놀이까지 닦아낸다.

❹ 코를 아래 방향으로 닦아낸다.

❺ 볼 부위를 안쪽에서 바깥 방향으로 닦아낸다.

❻ 인중 부위를 닦아낸다.

❼ 턱 부위를 닦아낸다.

❽ 턱선을 따라 귀 앞 선까지 닦아낸다.

> **Tip** 해면 사용 시 해면의 방향을 돌려가면서 위생적으로 사용하며, 마스크 적용 부위만큼 턱 하단까지만 닦아냄

(8) 냉습포로 닦아내기

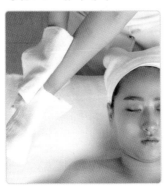

❶ 손목 안쪽으로 온도를 체크한다.

❷ 길게 반으로 접은 습포를 얼굴 부위에 삼각접기해서 올려 둔다. 이때 콧구멍이 막히지 않도록 주의한다.

> **Tip** 냉습포 사용 시에도 차갑지 않은지 온도를 체크

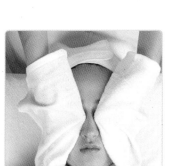  

❸ 엄지손가락 끝으로 부드럽게 눈 부위를 닦아낸다.

 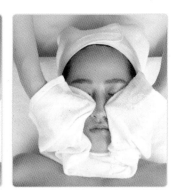

❹ 엄지손가락 측면을 이용하여 이마 ❺ 엄지손가락 끝으로 코 부위를 꼼꼼하게 닦아낸다.
　를 부드럽게 닦아낸다.

  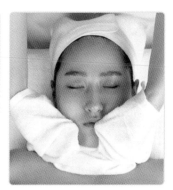

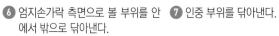

❻ 엄지손가락 측면으로 볼 부위를 안 ❼ 인중 부위를 닦아낸다.　　　　❽ 입술을 부드럽게 닦아낸다.
　에서 밖으로 닦아낸다.

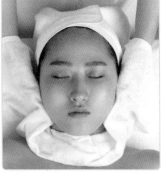

9 턱 부위를 닦아낸다. **10** 턱선을 따라 귀 부위까지 닦아낸다.

Tip 마스크 사용 후에는 반드시 냉습포를 사용해야 하므로 온장고로 가지 않도록 주의
습포 사용 시 마스크 적용 부위만큼 턱 하단까지만 닦아냄

(9) 토너 정리하기

양손으로 닦아내기

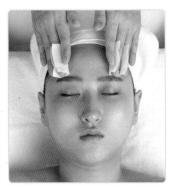

1 토너로 화장솜을 적신다. **2** 눈두덩과 눈 밑을 닦아낸다. **3** 이마를 닦아낸다.

4 코와 인중을 닦아낸다.

5 양볼을 닦아낸다.

한 손으로 닦아내기

 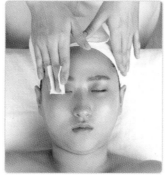 

1 토너로 화장솜을 적신다.   **2** 눈 부위를 닦아낸다.   **3** 이마를 닦아낸다.

 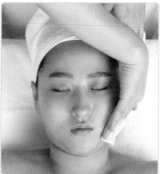 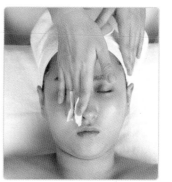

4 볼을 닦아낸다.   **5** 턱선을 따라 반대쪽 볼로 이동해서 닦아낸다.   **6** 코 부위를 닦아낸다.

7 인중을 닦아낸다.

Tip 토너 사용 시 마스크 적용 부위만큼 턱 하단까지만 닦아냄

(10) 아이크림, 립크림, 영양크림 바르기

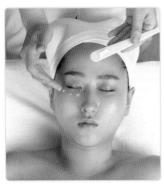  

1 아이크림과 립크림을 스파츌라에 덜어 눈가와 입술에 적당량을 바른 후, 가볍게 손끝으로 펴 바른다.

2 영양크림을 스파츌라에 덜어 이마, 양볼, 턱 부위에 적당량을 바른 후, 가볍게 손끝으로 펴 바른다.

2 석고 마스크 관리하기

<table>
<tr><td colspan="3">석고 마스크 작업시간 미리보기</td></tr>
<tr><td colspan="3" align="right">총 20분</td></tr>
<tr><td align="center">10분</td><td align="center">4분</td><td align="center">6분</td></tr>
<tr>
<td align="center">손 소독
립 · 아이크림 도포
석고 베이스크림 도포
아이패드, 거즈 얹기
마스크 반죽 · 도포</td>
<td align="center">말리기
(유리볼, 고무볼 정리)</td>
<td align="center">해면 닦기, 냉습포 닦기
토너 정리
립 · 아이 · 영양크림 도포</td>
</tr>
<tr><td colspan="3" align="right">※ 마스크의 관리범위는 얼굴에서 목 경계 부위까지이므로 턱까지 마스크를 도포함</td></tr>
</table>

중점	마스크의 기본 이해가 되어 있어야 한다.
부연설명	피부 유형에 적합한 마스크를 선택한다.

(1) 손 소독하기

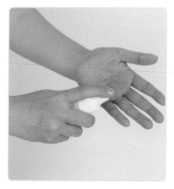 

스프레이 또는 알콜솜으로 소독한다.

(2) 아이크림, 립크림 바르기

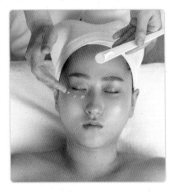

❶ 아이크림과 립크림을 스파츌라에 덜어 눈가와 입술에 적당량을 바른다.

❷ 가볍게 손끝으로 크림을 펴 바르듯이 흡수시킨다.

중점	마스크를 올바르게 도포한다.
부연설명	• 섬세하게 도포해야 한다. • 아이패드를 해야 한다. • 마스크 특징에 따라 정확하게 도포해야 한다. • 순서대로 올바르게 도포한다.

(3) 석고 베이스크림 도포하기

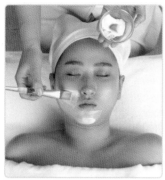 

석고 베이스크림을 유리볼에 덜어 팩 붓으로 눈과 입술을 제외한 얼굴 부위에 적절한 두께로 도포한다.

(4) 아이패드, 거즈 올리기

❶ 눈 부위에 아이패드를 올린다.   ❷ 거즈를 얼굴 위에 덮는다.

(5) 석고 마스크 반죽하기

❶ 고무볼에 석고 마스크 분말을 넣고 물을 섞는다.   ❷ 석고 마스크 분말과 물을 스파츌라를 사용하여 고루 섞어 잘 개어준다.   ❸ 완성된 반죽 상태

> **Tip** 석고 마스크와 물의 양은 석고 분말 4컵(계량컵)에 물 80~90ml가 적당함. 석고 마스크 반죽 시 물을 한꺼번에 다 넣지 말고, 70ml 정도 넣어 준 다음 반죽 상태를 보고 물의 양을 맞출 것

(6) 석고 마스크 도포하기

❶ 눈과 볼 부위에 석고 마스크를 도포한다.

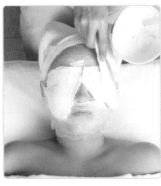

❷ 반대쪽도 눈과 볼 부위에 도포한다.

❸ 턱선을 따라 도포한다.

❹ 인중 부위에 도포한다.

❺ 코 부위에 도포한다.

❻ 이마 부위에 도포한다.

❼ 완성 상태

Tip 마스크는 턱 하단까지 적용

(7) 석고 마스크 제거하기

턱 하단부터 위로 석고 마스크를 제거한다. 이때 석고가 깨지지 않게 주의한다.

중점	마스크 잔여물이 깨끗이 닦아졌는가를 평가한다.
부연설명	• 마스크 잔여물이 남지 않도록 한다. • 토너를 사용한다. • 마스크 제거 후 주변이 깨끗하게 정리정돈되어 있어야 한다.

(8) 해면으로 닦아내기

❶ 눈머리에서 눈꼬리 방향으로 부드럽게 닦아낸다.

❷ 이마 전체를 위쪽 방향으로 닦아낸다.

❸ 헤어라인을 따라 이마 중앙에서 관자놀이까지 닦아낸다.

❹ 코를 아래 방향으로 닦아낸다.

❺ 볼 부위를 안쪽에서 바깥 방향으로 닦아낸다.

❻ 인중 부위를 닦아낸다.

❼ 턱 부위를 닦아낸다.

❽ 턱선을 따라 귀 앞 선까지 닦아낸다.

Tip 해면 사용 시 해면의 방향을 돌려가면서 위생적으로 사용하며, 마스크 적용 부위만큼 턱 하단까지만 닦아냄

(9) 냉습포로 닦아내기

❶ 손목 안쪽으로 온도를 체크한다.

❷ 길게 반으로 접은 습포를 얼굴 부위에 삼각접기해서 올려 둔다. 이때 콧구멍이 막히지 않도록 주의한다.

Tip 냉습포 사용 시에도 차갑지 않은 지 온도를 체크

❸ 엄지손가락 끝으로 부드럽게 눈 부위를 닦아낸다.

❹ 엄지손가락 측면을 이용하여 이마 를 부드럽게 닦아낸다.　　❺ 엄지손가락 끝으로 코 부위를 꼼꼼하게 닦아낸다.

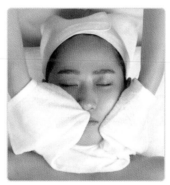

❻ 엄지손가락 측면으로 볼 부위를 안 에서 밖으로 닦아낸다.　　❼ 인중 부위를 닦아낸다.　　❽ 입술을 부드럽게 닦아낸다.

❾ 턱 부위를 닦아낸다.　　❿ 턱선을 따라 귀 부위까지 닦아낸다.

> **Tip** 마스크 사용 후에는 반드시 냉습포를 사용해야 하므로 온장고로 가지 않도록 주의
> 습포 사용 시 마스크 적용 부위만큼 턱 하단까지만 닦아냄

(10) 토너 정리하기

양손으로 닦아내기

  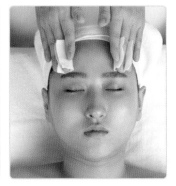

❶ 토너로 화장솜을 적신다.　　❷ 눈두덩과 눈 밑을 닦아낸다.　　❸ 이마를 닦아낸다.

❹ 코와 인중을 닦아낸다.

❺ 양볼을 닦아낸다.

한 손으로 닦아내기

❶ 토너로 화장솜을 적신다.

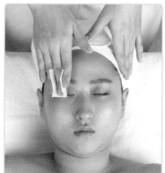

❷ 눈 부위를 닦아낸다.

❸ 이마를 닦아낸다.

❹ 볼을 닦아낸다.

❺ 턱선을 따라 반대쪽 볼로 이동해서 닦아낸다.

❻ 코 부위를 닦아낸다.

❼ 인중을 닦아낸다.

Tip 토너 사용 시 마스크 적용 부위만큼 턱 하단까지만 닦아냄

(11) 아이크림, 립크림, 영양크림 바르기

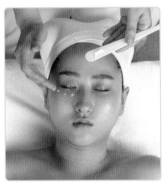  

❶ 아이크림과 립크림을 스파츌라에 덜어 눈가와 입술에 적당량을 바른 후, 가볍게 손끝으로 펴 바른다.

❷ 영양크림을 스파츌라에 덜어 이마, 양볼, 턱 부위에 적당량을 바른 후, 가볍게 손끝으로 펴 바른다.

Section 4 평가

1 평가 준거

평가자는 학습자가 수행준거 및 평가 시 고려사항에 제시되어 있는 내용을 성공적으로 수행하였는지를 평가해야 한다.

학습내용	평가항목	성취수준		
		상	중	하
마스크 관리	피부 유형별 상태에 따라 마스크의 적용 방법과 제품을 선택할 수 있다.			
	마스크 적용 부위와 범위에 맞춰 도포할 수 있다.			
	마스크 적용 시 도포 두께와 적용 시간을 적절하게 할 수 있다.			
	냉습포로 닦아내고 토너 및 마무리크림 등을 사용할 수 있다.			

2 평가 방법

(1) 평가자 체크리스트

학습내용	평가항목	성취수준		
		상	중	하
마스크 관리	작업 위생 상태			
	피부 유형에 맞는 마스크 적용 여부			
	아이크림, 립크림 도포 여부			
	마스크 도포 방법과 테크닉			
	냉습포 사용 여부			
	토너 및 영양크림 사용 여부			

(2) 작업장 평가

학습내용	평가항목	성취수준		
		상	중	하
마스크 관리	왜건, 베드 및 기구 등이 정리정돈되어 있어야 한다.			

마스크 및 마무리 최종 점검하기

✓ 주의사항

- 피부 타입별 제시된 마스크를 도포해야 한다.
- 마스크 도포 전에 아이크림, 립크림을 도포한다.
- 마스크 도포 시 균일한 두께를 유지한다(너무 얇게 바르지 않도록 한다).
- 마스크 적용 범위는 턱 하단까지 도포한다.
- 냉습포를 사용해서 닦아내야 한다.
- 토너 및 아이크림, 립크림, 영양크림으로 마무리한다.

✓ 마스크 및 마무리 Check Point!

▲ 석고가 깨진 경우

▲ 1과제 종료 후 왜건은 깔끔하게 정리돼 있어야 한다.

FAQ 마스크

Q. 마스크 어떻게 하면 되나요?

A. 석고 마스크와 고무 모델링 마스크 중 시험장에서 지정해주는 제품을 사용하면 됩니다. 마스크를 위한 기본 전처리를 실시한 후, 얼굴에서 목의 경계부위까지(턱 하단 포함) 코와 입에 호흡을 할 수 있도록 도포하면 됩니다.

MEMO

2 과제

팔, 다리 관리

팔, 다리 관리 학습(NCS)의 개요

학습 목표

❶ 팔, 다리 관리를 위한 위생 및 준비물을 갖출 수 있다.

❷ 팔, 다리 관리 동작 작업 시 밀착감, 속도, 강약, 리듬, 유연성을 적절하게 시행할 수 있다.

❸ 팔, 다리 관리 동작 작업 후 마무리를 적절하게 시행할 수 있다.

❹ 제모 관리를 적절하게 시행할 수 있다.

내용체계

학습		학습 내용	요소 명칭
1. 몸매 관리	1-1. 팔 관리	1-1-1. 팔 관리를 위한 클렌징을 할 수 있다. 1-1-2. 팔 관리 동작 시 속도, 강약, 리듬, 유연성 및 밀착감을 적절하게 유지할 수 있다. 1-1-3. 습포를 사용하여 적절하게 마무리 작업을 할 수 있다.	클렌징, 강약, 리듬, 속도, 유연성, 밀착성, 습포
	1-2. 다리 관리	1-2-1. 다리 관리를 위한 클렌징을 할 수 있다. 1-2-2. 다리 관리 동작 시 속도, 강약, 리듬, 유연성 및 밀착감을 적절하게 유지할 수 있다. 1-2-3. 습포를 사용하여 적절하게 마무리 작업을 할 수 있다.	
2. 제모 관리		2-1. 제모를 위한 준비 작업을 할 수 있다. 2-2. 왁스 및 족집게를 이용하여 작업 부위 체모를 제거할 수 있다. 2-3. 제모 부위 피부의 진정 관리 및 마무리를 할 수 있다.	제모, 왁스

핵심 용어

전신 관리, 몸매 관리, 팔 관리, 다리 관리, 제모, 왁스

팔, 다리 관리 실기시험문제

순서	작업명		요구내용	시간	비고
1	손을 이용한 관리 (매뉴얼 테크닉)	팔 (전체)	모델의 관리 부위(오른쪽 팔, 오른쪽 다리)를 화장수를 사용하여 가볍고 신속하게 닦아낸 후 화장품(크림 혹은 오일 타입)을 도포하고, 적절한 동작을 사용하여 관리하시오.	10분	총작업시간의 90% 이상을 유지하시오.
		다리 (전체)		15분	
2	제모		왁스 워머에 데워진 핫 왁스를 필요량만큼 용기에 덜어서 작업에 사용하고, 다리에 왁스를 부직포 길이에 적합한 면적만큼 도포한 후, 체모를 제거하고 제모 부위의 피부를 정돈하시오.	10분	제모는 좌우 구분이 없으며 부직포 제거 전 손을 들어 감독의 확인을 받으시오.

유의사항

① 손을 이용한 관리는 팔과 다리가 주 대상범위이며, 손과 발의 관리 시간은 전체 시간의 20%를 넘지 않도록 하시오.

② 제모 시 발을 제외한 좌우측 다리(전체) 중 적합한 부위에 한 번만 제거하시오.

③ 관리 부위에 체모가 완전히 제거되지 않았을 경우 족집게 등으로 잔털 등을 제거하시오.

④ 제모 작업은 7×20cm 정도의 부직포 1장을 이용한 도포 범위(4~5×12~14cm)를 기준으로 하시오.

PART

01 | 팔 관리

 10분

> **학습목표**
> • 팔 관리의 전체 과정을 이해할 수 있다.
> • 팔 관리 시 적절한 자세로 동작의 속도, 강약, 리듬, 유연성, 밀착성을 유지하면서 매뉴얼 테크닉을 수행할 수 있다.
> • 매뉴얼 테크닉 후 마무리 작업을 적절하게 할 수 있다.

Section 1 사전준비 및 수행순서

요구내용	모델의 관리 부위(오른쪽 팔)를 화장수를 사용하여 가볍고 신속하게 닦아낸 후 화장품(크림 혹은 오일 타입)을 도포하고, 적절한 동작을 사용하여 관리하시오. ※ 총작업시간의 90% 이상을 유지하시오.
시간	10분
과제 준비물	정리대, 토너, 마사지 오일, 유리볼, 탈지면, 티슈, 쟁반, 온습포
유의사항	① 손을 이용한 관리는 팔이 주 대상범위이며, 손의 관리 시간은 전체 시간의 20%를 넘지 않도록 한다. ② 고객을 위한 위생을 철저히 점검한다. ③ 해당 관리 부위 외 모델의 노출을 최소화한다. ④ 액세서리는 착용하지 않는다. ⑤ 대타월로 고객을 덮어 준다. ⑥ 헤어터번은 사용하지 않는다.
수행순서	① 손 소독하기 ② 클렌징 하기 ③ 오일 도포하기 ④ 매뉴얼 테크닉 하기 ⑤ 온습포로 닦아내기 ⑥ 마무리 작업하기

Section 2 팔 관리하기

팔 관리 작업시간 미리보기

총 10분

6분 30초	3분 30초
손 소독, 토너 클렌징 팔 매뉴얼 테크닉	온습포 닦기, 토너 정리

※ 팔 관리 검사 없이 바로 다리 관리로 이어질 수 있음

1 위생 및 준비

(1) 왜건 정리하기

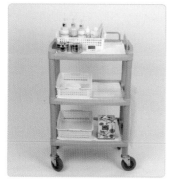

❶ 상단 : 토너, 바디 오일, 진정젤, 탈컴 파우더, 유리볼 2개, 솜통(알콜솜, 탈지면), 부직포, 나무 스파츌라, 종이컵, 장갑, 족집게, 가위
❷ 중단 : 쟁반, 바구니, 마른 타월 1장, 쓰레기통(비닐팩으로 대체가능)
❸ 하단 : 바구니, 티슈

◀ 왜건 전체

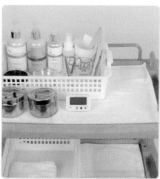

▲ 상단

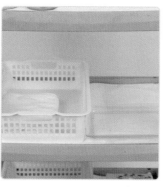

▲ 중단

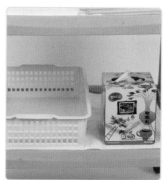

▲ 하단

(2) 베드 정리하기

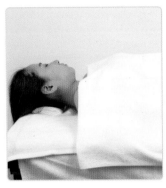

팔 관리를 시작하기 전에 모델의 팔은 대타월로 덮어두거나 작업 부위가 드러나도록 할 수 있다.

Tip 모델이 관리 도중 불편함을 느끼지 않도록 배려 차원에서 목 베개를 받쳐주는 것이 좋으나, 목 베개를 하지 않아도 감점 사항은 아님

2 손 소독하기

스프레이 또는 알콜솜으로 소독한다.

3 클렌징하기

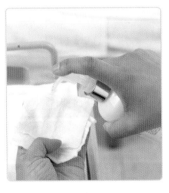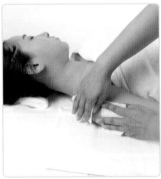

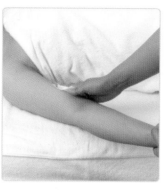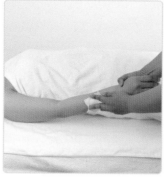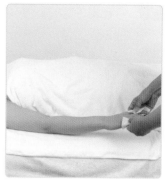

토너로 탈지면을 적시고 팔 전체를 닦는다.

오일 도포하기

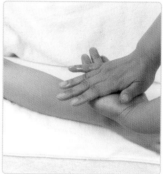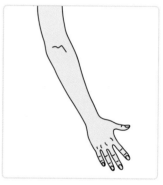

❶ 오일을 손에 덜어 문지른다.

[Tip] 주어진 일러스트에 테크닉 동작을 따라 화살표로 그려보세요!

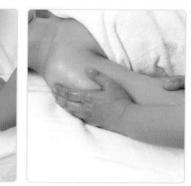

❷ 전완부부터 어깨까지 오일을 도포한다.

PART 01 팔 관리 **175**

5 매뉴얼 테크닉 하기

중점	5가지 기본 동작을 부위별로 적합하게 마사지하는가를 평가한다.
부연설명	• 체중을 실어서 바르게 해야 한다. • 동작은 유연하게 연결해야 한다. • 동작의 밀착감, 리듬감이 적합해야 한다. • 동작은 일정한 속도를 유지해야 한다. • 부위에 따라 동작을 적절히 안배해야 한다.

(1) 손바닥으로 팔 외측 쓰다듬기

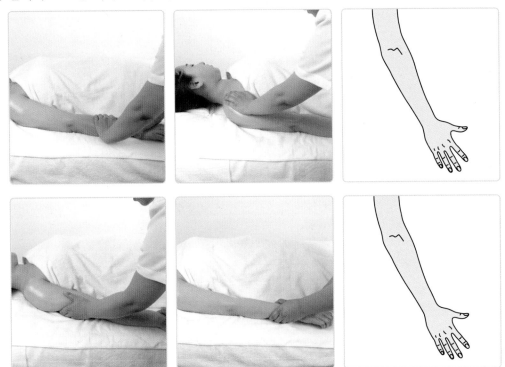

한 손바닥으로 외측 쓰다듬기 한다.

(2) 손바닥으로 팔 내측 쓰다듬기

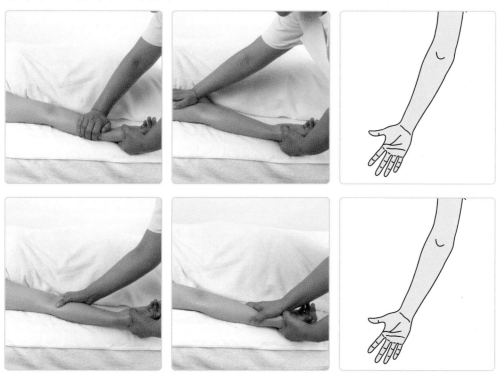

한 손바닥으로 내측 쓰다듬기 한다.

(3) 엄지손가락으로 팔 내측 문지르기

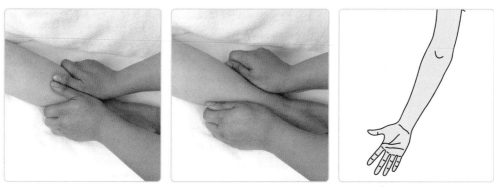

팔 내측의 손목에서 팔꿈치까지 양 엄지손가락으로 반원을 그리며 문지르기 한다.

(4) 팔 내측 반죽하기

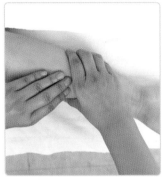 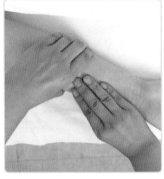 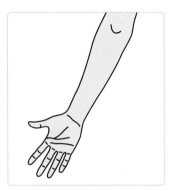

양손을 번갈아가며 팔 내측 부위를 반죽하기 한다.

(5) 팔 내측 쓰다듬기 후 외측 방향으로 돌리기

 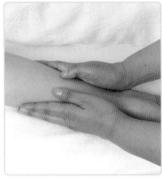 

양손으로 손목 안쪽에서 팔꿈치까지 쓰다듬기 하고 내려오면서 팔을 외측 방향으로 돌린다.

(6) 엄지손가락으로 팔 외측 문지르기

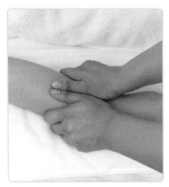 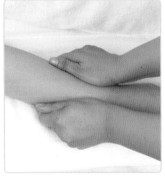 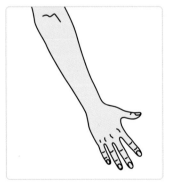

팔 외측의 손목에서 팔꿈치까지 양 엄지손가락으로 반원을 그리며 문지르기 한다.

(7) 팔 외측 반죽하기

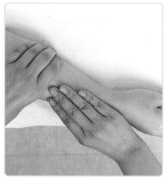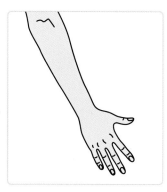

양손을 번갈아가며 팔 외측 부위를 반죽하기 한다.

(8) 팔 외측 쓰다듬기 후 ㄴ자 모양으로 접기

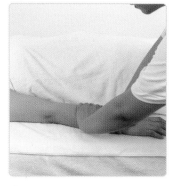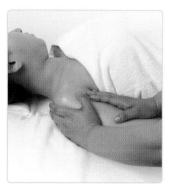

❶ 팔 외측 전체를 손목부터 어깨까지 양손으로 감싸며 쓰다듬기 한다.

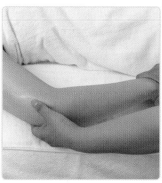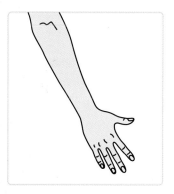

❷ 쓰다듬기 하면서 내려오다가 팔을 ㄴ자 모양으로 접는다.

(9) 상완부 나선형 문지르기

  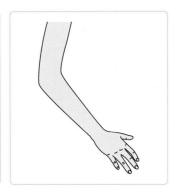

한 손 엄지손가락으로 상완부 외측을 나선형으로 문지르기 한다.

(10) 상완부 반죽하기

 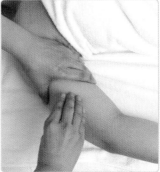 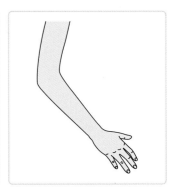

양손을 번갈아가며 상완 부위를 반죽하기 한다.

(11) 상완부 쓰다듬기 후 팔 펴주기

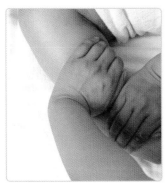 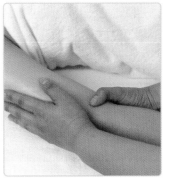 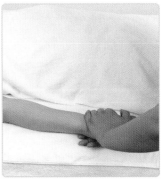

양손으로 상완부부터 쓰다듬기 하고 내려오면서 ㄴ자로 구부러진 팔을 손목까지 펴준다.

(12) 팔 전체 바이브레이션

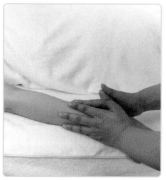
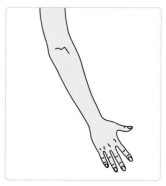

양손으로 바이브레이션 하면서 어깨에서 손목 방향으로 내려온다.

(13) 팔꿈치 세워 손등 펴주기

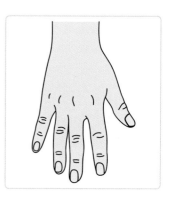

팔꿈치를 세워 손등을 잡고 양 엄지를 번갈아 가며 좌우로 펴준다.

(14) 손가락 굴려주기

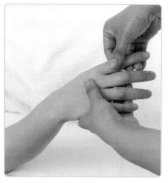

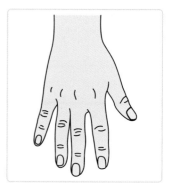

한 손은 손목을 받치고 한 손의 엄지를 이용해 부드럽게 손가락 굴려주기 한다.

(15) 손바닥 문지르기

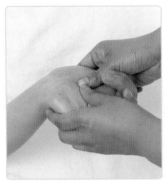 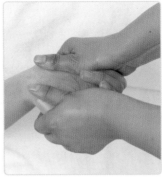 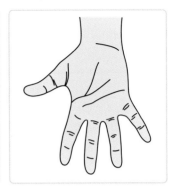

손을 돌려 손바닥을 양 엄지를 이용해 좌우로 펴준다.

(16) 손 흔들기

  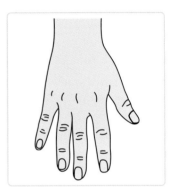

양손의 엄지와 검지 사이에 모델의 엄지와 새끼손가락을 끼워 손 흔들어주기
한다.

(17) 팔 전체 쓰다듬기

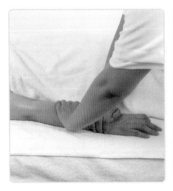 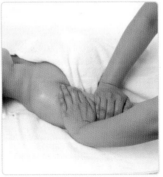 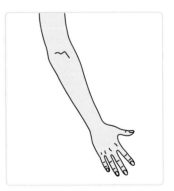

❶ 양손으로 손등에서 어깨까지 쓰다듬기 한다.

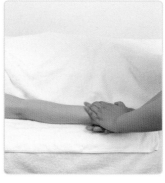
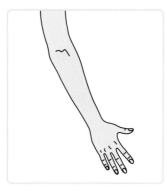

❷ 다시 어깨에서 손등까지 내려오면서 쓰다듬기 한다.

6 온습포로 닦아내기

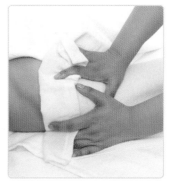

❶ 손목 안쪽으로 온습포의 온도를 체크한다.

❷ 길게 반으로 접은 온습포를 팔 부위에 올려놓는다.

❸ 습포 끝에 손가락을 끼워 어깨부터 손등까지 닦으면서 내려온다.

❹ 겨드랑이 안쪽에서부터 손목 안쪽까지 내측을 닦는다.

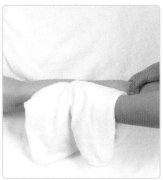
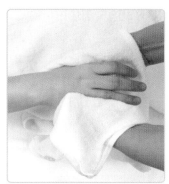

⑤ 어깨에서 손목까지 외측을 닦는다.　　　　　　　　　　　**⑥** 손가락을 꼼꼼히 닦는다.

7 마무리 작업하기

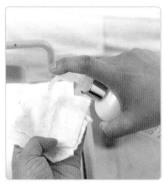
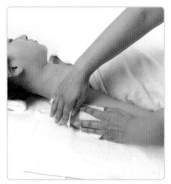

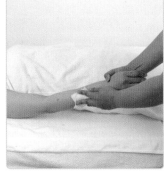
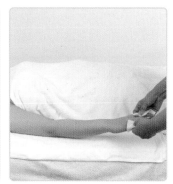

토너로 탈지면을 적신 후 팔 전체를 닦는다.

중점	• 마사지 후 부위별로 청결하게 마무리해야 한다. • 마사지 후 주변을 깨끗하게 정리정돈해야 한다.

Section 3 평가

1 평가 준거

평가자는 학습자가 수행준거 및 평가 시 고려사항에 제시되어 있는 내용을 성공적으로 수행하였는지를 평가해야 한다.

학습내용	평가항목	성취수준		
		상	중	하
팔 관리	팔 관리의 전체 과정을 이해할 수 있다.			
	팔 관리 시 적절한 자세로 동작의 속도, 강약, 리듬, 유연성, 밀착성을 유지하면서 매뉴얼 테크닉을 수행할 수 있다.			
	매뉴얼 테크닉 후 마무리 작업을 적절하게 할 수 있다.			

2 평가 방법

(1) 평가자 체크리스트

학습내용	평가항목	성취수준		
		상	중	하
팔 관리	작업 수행을 위한 준비 및 위생 상태			
	팔 클렌징 방법			
	팔 매뉴얼 테크닉 방법과 적절성			
	온습포 사용 여부			
	토너 사용 여부			
	왜건, 베드 및 기구 등의 정리정돈 및 마무리			

(2) 작업장 평가

학습내용	평가항목	성취수준		
		상	중	하
팔 관리	왜건, 베드 및 기구 등이 정리정돈되어 있어야 한다.			

팔 관리 최종 점검하기

✓ 주의사항

- 헤어터번은 착용하지 않는다.
- 매뉴얼 테크닉 동작은 강약, 리듬, 연결성, 유연성, 밀착성을 적절하게 적용한다.
- 매뉴얼 테크닉 동작 시 너무 강한 압력을 주거나 직접적인 지압행위를 하는 것은 삼간다.
- 다리를 어깨너비로 벌리고 체중을 실어 관리한다.

✓ 팔 관리 Check Point!

▲ 어깨   ▲ 겨드랑이   ▲ 손가락

✓ 감점요인

습포 사용 후 피부에 오일이 남아 있을 경우

FAQ

Q. 손을 이용한 피부 관리와 마사지는 어떤 차이가 있나요?

A. 미용사(피부)의 피부 관리는 마사지라는 용어를 사용하지 않습니다. 시중의 마사지와 손을 이용한 피부 관리(매뉴얼 테크닉)는 목적하는 바가 분명히 다릅니다. 피부미용에서의 손을 이용한 피부 관리는 원칙적으로 화장품 등의 물질의 원활한 도포 및 그것을 돕기 위한 일련의 손 동작을 의미하며 근육을 강하게 누르거나 마사지하여 일정 부위를 자극하거나 쾌감을 유도하는 일련의 마사지 법과는 분명한 차이가 있습니다.

Q. 볼에 화장품을 덜어서 사용해야 합니까?

A. 기본적으로 관리 시 위생 상태의 유지를 위해 한 번의 양으로 모두 사용되지 않는 한 필요한 양만큼 볼에 덜어둔 뒤 관리 시 사용되는 것이 권장됩니다. 볼 3개를 모두 사용했을 경우에는 티슈 등으로 닦아낸 뒤 소독을 하고 재사용하시는 것은 허용됩니다(필요한 경우 소형 볼을 더 지참할 수 있음).

PART

02 | 다리 관리

⌛ 15분

학습목표

- 다리 관리의 전체 과정을 이해할 수 있다.
- 다리 관리 시 적절한 자세로 동작의 속도, 강약, 리듬, 유연성, 밀착성을 유지하면서 매뉴얼 테크닉을 수행할 수 있다.
- 매뉴얼 테크닉 후 마무리 작업을 적절하게 할 수 있다.

Section 1 **사전준비 및 수행순서**

요구내용	모델의 관리 부위(오른쪽 다리)를 화장수를 사용하여 가볍고 신속하게 닦아낸 후 화장품(크림 혹은 오일 타입)을 도포하고, 적절한 동작을 사용하여 관리하시오. ※ 총작업시간의 90% 이상을 유지하시오.
시간	15분
과제 준비물	정리대, 토너, 마사지 오일, 유리볼, 탈지면, 티슈, 쟁반, 온습포
유의사항	① 손을 이용한 관리는 다리가 주 대상범위이며, 발의 관리 시간은 전체 시간의 20%를 넘지 않도록 한다. ② 고객을 위한 위생을 철저히 점검한다. ③ 해당 관리 부위 외 모델의 노출을 최소화한다. ④ 액세서리는 착용하지 않는다. ⑤ 대타월로 고객을 덮어 준다. ⑥ 헤어터번은 사용하지 않는다.
수행순서	① 손 소독하기 ② 클렌징 하기 ③ 오일 도포하기 ④ 매뉴얼 테크닉 하기 ⑤ 온습포로 닦아내기 ⑥ 마무리 작업하기

Section 2   다리 관리하기

다리 관리 작업시간 미리보기

총 15분

1분	10분				4분
	다리 매뉴얼 테크닉				
손 소독, 토너 클렌징	5분 30초	2분 30초	1분	1분	온습포 닦기, 토너 정리
	종아리	허벅지	안쪽 허벅지	종아리 후면, 발	

1 베드 세팅하기

 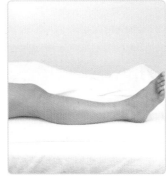 

다리 관리가 시작되면, 다리를 덮고 있는 대타월을 작업부위(서혜부)까지 접는다.

> **Tip** 반대쪽 다리(왼쪽)는 중타월로 잘 감싸서 노출이 되지 않게 하고, 관리할 다리(오른쪽) 밑에는 소타월을 깔아 대타월이 오일에 오염되지 않게 함. 이 작업은 쉬는 시간에 미리 해둠
>
> 모델이 관리 도중 불편함을 느끼지 않도록 배려 차원에서 목 베개를 받쳐주는 것이 좋으나 목 베개를 하지 않아도 감점 사항은 아님

2 손 소독하기

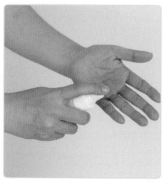 

스프레이 또는 알콜솜으로 소독한다.

3 클렌징하기

 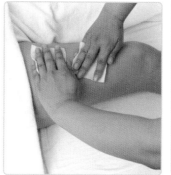 

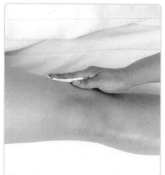 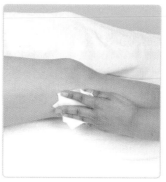 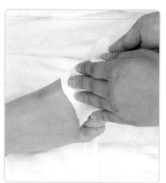

토너로 탈지면을 적시고, 다리 전체를 토너로 깨끗이 클렌징한다.

4 매뉴얼 테크닉 하기

중점	5가지 기본 동작을 부위별로 적합하게 마사지하는가를 평가한다.
부연설명	• 체중을 실어서 바르게 해야 한다. • 동작은 유연하게 연결해야 한다. • 동작의 밀착감, 리듬감이 적합해야 한다. • 동작은 일정한 속도를 유지해야 한다. • 부위에 따라 동작을 적절히 안배해야 한다.

(1) 오일 도포

  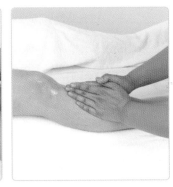

오일을 손에 덜어 허벅지에서 종아리까지 바른다.

(2) 전체 쓰다듬기

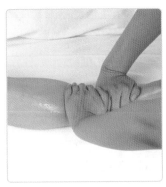 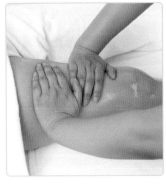 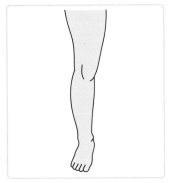

❶ 양손으로 발목에서 허벅지까지 전체 쓰다듬기하며 올라간다.

Tip 주어진 일러스트에 테크닉 동작을 따라 화살표로 그려보세요!

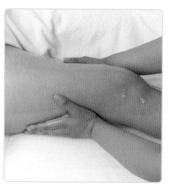 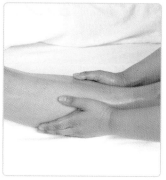 

② 허벅지 양 측면을 따라서 발목까지 쓰다듬기 하면서 내려온다.

③ 발등과 발바닥을 감싸며 쓰다듬기 한다.

(3) 종아리 내·외측 쓰다듬기

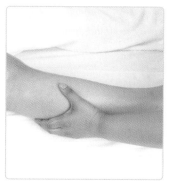 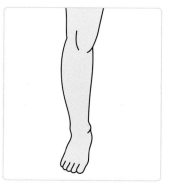

① 한 손바닥으로 종아리 외측을 쓰다듬기 한다.

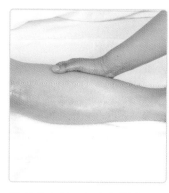 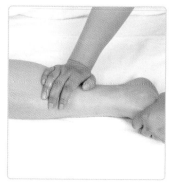 

② 한 손바닥으로 종아리 내측을 쓰다듬기 한다.

(4) 종아리 하트모양 문지르기

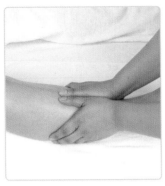 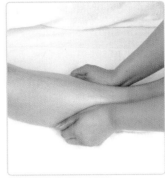 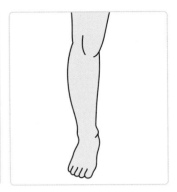

양 엄지로 발목부터 종아리 전체에 반원을 그리며 문지르기 한다.

(5) 종아리 반죽하기

 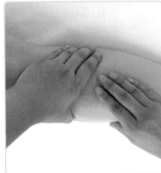 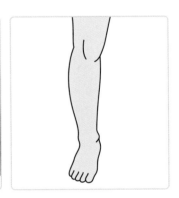

양손을 번갈아 가며 종아리 부위를 반죽하기 한다.

(6) 무릎 쓰다듬기

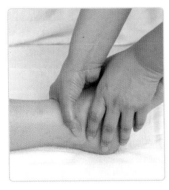 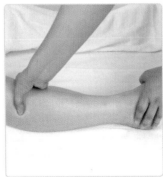 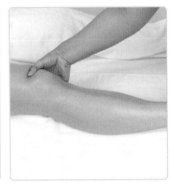

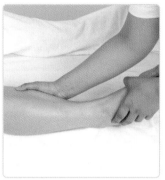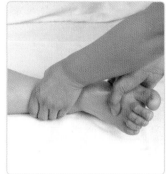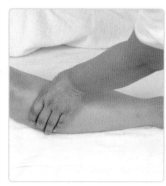

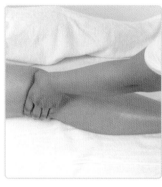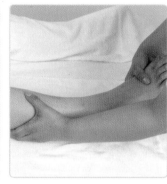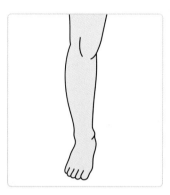

외측과 내측으로 나누어 발목부터 종아리 측면을 엄지손가락 측면으로 쓸고 올라와 무릎 부위를 돌려주고, 내려온다. 이 때 한 손은 발목을 고정시켜 잡아준다. 반대쪽도 같은 동작을 반복한다.

(7) 허벅지 쓰다듬기

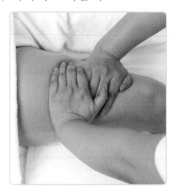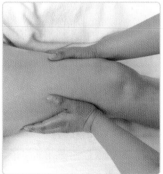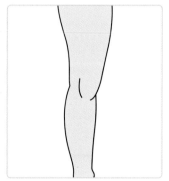

허벅지를 양손으로 쓰다듬기 한다.

(8) 허벅지 하트모양 문지르기

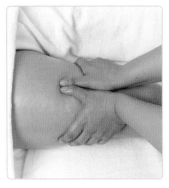 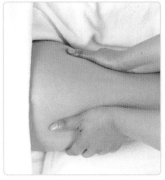 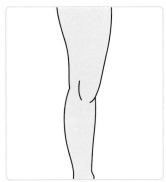

양 엄지손가락으로 허벅지 전체에 반원을 그리며 문지르기 한다.

(9) 허벅지 나선형 문지르기

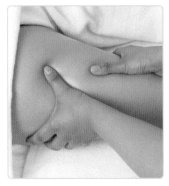 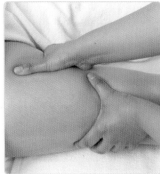 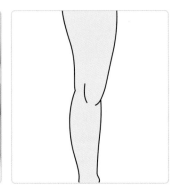

양 엄지손가락을 번갈아가며 나선형 문지르기 한다.

(10) 허벅지 세로 방향 반죽하기

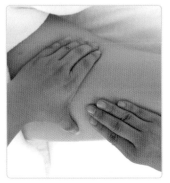 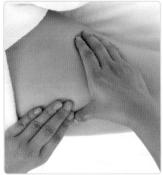 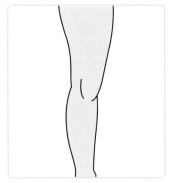

양손을 번갈아가며 허벅지를 세로 방향으로 반죽하기 한다.

(11) 허벅지 가로 방향 반죽하기

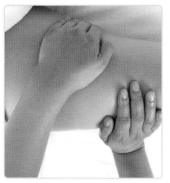 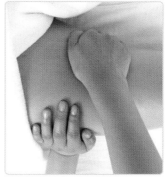 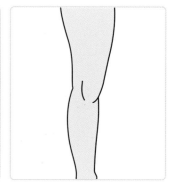

양손바닥을 밀착시켜 허벅지를 가로 방향으로 반죽하기 한다.

(12) 허벅지 바이브레이션

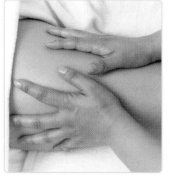 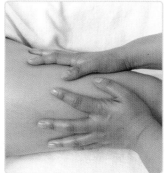 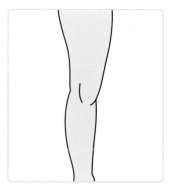

허벅지를 쓰다듬고 내려오면서 바이브레이션 동작을 한다.

(13) 다리 쓰다듬어 ㄴ자 모양으로 접기

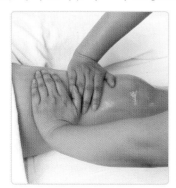  

허벅지를 쓰다듬고 내려오면서 무릎을 구부려 다리를 ㄴ자 모양으로 접는다.

(14) 허벅지 안쪽 쓰다듬기

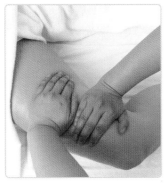 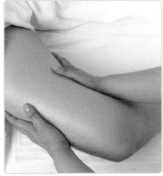 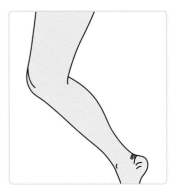

양손으로 허벅지 안쪽을 쓰다듬기 한다.

(15) 허벅지 안쪽 하트모양 문지르기

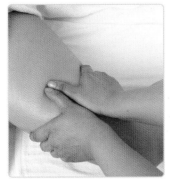  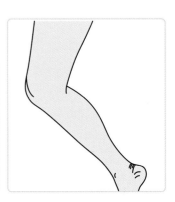

양 엄지손가락으로 허벅지 안쪽 부위에 반원을 그리며 문지르기 한다.

(16) 허벅지 안쪽 나선형 문지르기

  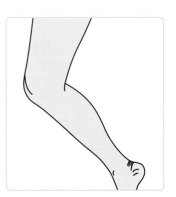

양 엄지손가락을 번갈아가며 나선형 문지르기 한다.

(17) 허벅지 안쪽 반죽하기

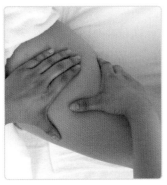 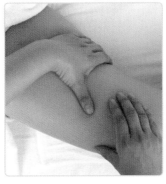 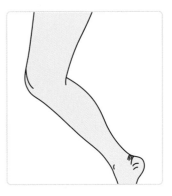

양손을 번갈아 허벅지 안쪽을 반죽하기 한다.

(18) 허벅지 안쪽 쓰다듬어 다리 펴준 후, 다리 ㄱ자로 세우기

❶ 양손으로 허벅지 안쪽을 쓰다듬기 하며 내려온다.

 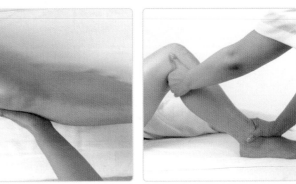

❷ 무릎과 발목을 잡고 ㄴ자로 구부러진 다리를 펴준다.　　　❸ 다시 무릎을 ㄱ자로 세운다.

(19) 종아리 후면 한 손씩 쓰다듬기

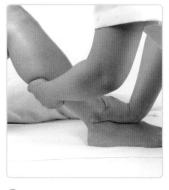  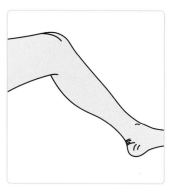

❶ 한 손바닥으로 종아리 후면 외측 방향을 쓰다듬기 한다.

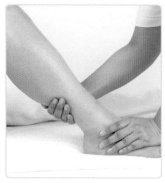  

❷ 한 손바닥으로 종아리 후면 내측 방향을 쓰다듬기 한다.

(20) 종아리 후면 양손으로 쓰다듬기

 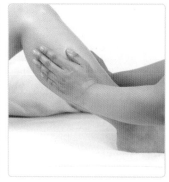 

양손으로 발목부터 종아리 후면 전체를 쓰다듬기 한다.

(21) 종아리 후면 짜듯이 반죽하기

발목부터 종아리 후면을 양손으로 짜듯이 반죽하기 한다.

(22) 종아리 후면 바이브레이션

  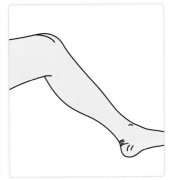

종아리 후면을 양손으로 바이브레이션 한다.

(23) 다리 펴서 전체 쓰다듬기

 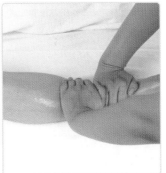 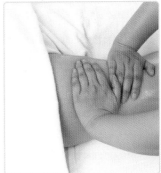

❶ 세워진 무릎을 펴주고, 종아리에서 허벅지까지 전체 쓰다듬기 한다.

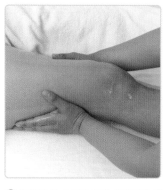 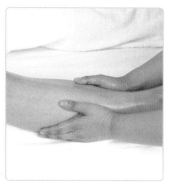 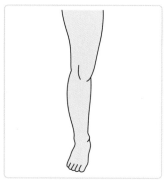

❷ 허벅지 양 측면을 따라 쓰다듬기 하며 내려온다.

(24) 복숭아뼈 쓰다듬기

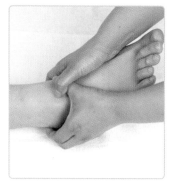 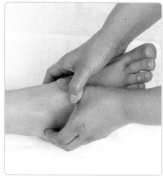 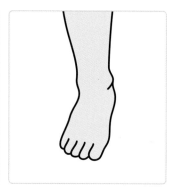

양손의 네 손가락 끝으로 내·외측 복숭아뼈를 원을 그리며 쓰다듬기 한다.

(25) 중족골 사이 문지르기

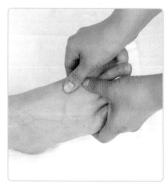 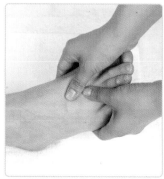 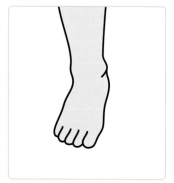

양 엄지손가락을 교대로 중족골 사이를 문지르기 한다.

(26) 발가락 굴려주기

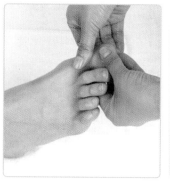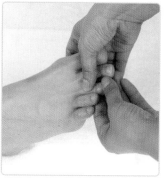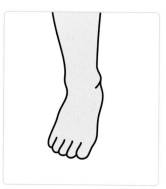

엄지손가락을 이용해서 발가락을 부드럽게 굴려준다.

(27) 발등 전체 문지르기

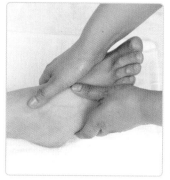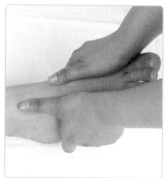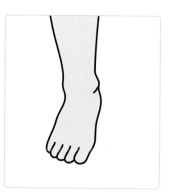

양 엄지손가락의 측면을 이용해서 발등 전체를 좌우로 번갈아가며 문지르기 한다.

(28) 다리 전체 쓰다듬기

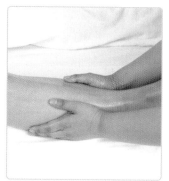

양손바닥으로 다리 전체를 쓰다듬기 한다.

(29) 다리 전체 바이브레이션

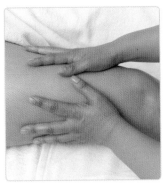  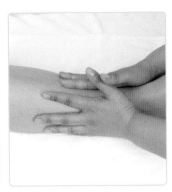

양손바닥으로 허벅지 양 측면에서 발목까지 바이브레이션 동작을 한다.

(30) 다리 전체 쓰다듬기

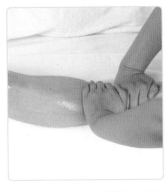 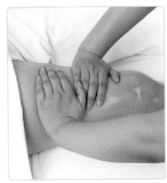 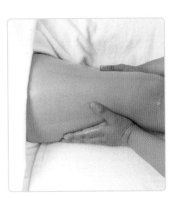

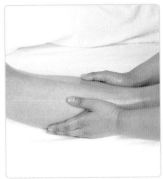  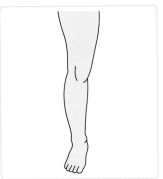

양손으로 발목에서 허벅지까지 전체 쓰다듬기 하고, 허벅지 양 측면을 따라서 발목까지 쓰다듬고 내려와 발등과 발바닥을
감싸면서 손을 빼준다.

5 온습포 닦기

❶ 손목 안쪽으로 온습포의 온도를 체크한다.

❷ 길게 반으로 접은 온습포를 다리 부위에 올려놓는다.

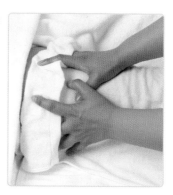

❸ 습포 끝에 손가락을 끼워 허벅지부터 발등까지 닦으면서 내려온다.

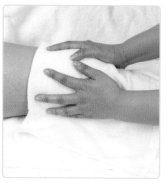

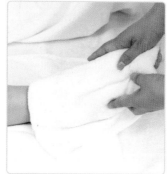

❹ 허벅지 안쪽부터 발목까지 내측을 닦는다.

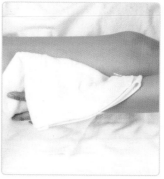

❺ 허벅지부터 발목까지 외측을 닦는다.

6 발 전체를 꼼꼼하게 닦는다.

6 마무리 작업하기

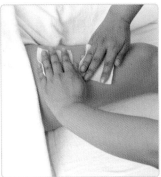

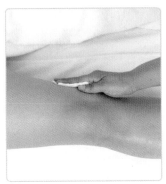
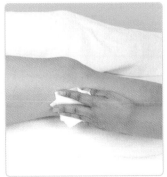
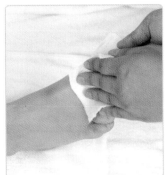

토너로 탈지면을 적신 후 다리 전체를 토너로 깨끗이 닦는다.

중점	• 마사지 후 부위별로 청결하게 마무리해야 한다. • 마사지 후 주변을 깨끗하게 정리정돈해야 한다.

Section 3 평가

1 평가 준거

평가자는 학습자가 수행준거 및 평가 시 고려사항에 제시되어 있는 내용을 성공적으로 수행하였는지를 평가해야 한다.

학습내용	평가항목	성취수준		
		상	중	하
다리 관리	다리 관리의 전체 과정을 이해할 수 있다.			
	다리 관리 시 적절한 자세로 동작의 속도, 강약, 리듬, 유연성, 밀착성을 유지하면서 매뉴얼 테크닉을 수행할 수 있다.			
	매뉴얼 테크닉 후 마무리 작업을 적절하게 할 수 있다.			

2 평가 방법

(1) 평가자 체크리스트

학습내용	평가항목	성취수준		
		상	중	하
다리 관리	작업 수행을 위한 준비 및 위생 상태			
	다리 클렌징 방법			
	다리 매뉴얼 테크닉 방법과 적절성			
	온습포 사용 여부			
	토너 사용 여부			
	왜건, 베드 및 기구 등의 정리정돈 및 마무리			

(2) 작업장 평가

학습내용	평가항목	성취수준		
		상	중	하
다리 관리	왜건, 베드 및 기구 등이 정리정돈되어 있어야 한다.			

다리 관리 최종 점검하기

✓ **주의사항**

- 헤어터번은 착용하지 않는다.
- 매뉴얼 테크닉 동작은 강약, 리듬, 연결성, 유연성, 밀착성을 적절하게 적용한다.
- 매뉴얼 테크닉 동작은 너무 강한 압력을 주거나 직접적인 지압행위를 하는 것은 삼간다.
- 다리를 어깨너비로 벌리고 체중을 실어 관리한다.

✓ **다리 관리 Check Point!**

 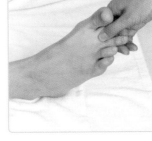

▲ 오금부위   ▲ 발가락

✓ **감점요인**

습포 사용 후 피부에 오일이 남아 있을 경우

PART
03 | 제모

 10분

학습목표	• 제모 관리의 전체 과정을 이해할 수 있다. • 제모 관리 시 왁스 및 도구를 적절하게 사용할 수 있다. • 제모 부적응증 및 주의사항 등을 이해할 수 있다.

Section 1 제모의 이해

제모란 신체의 불필요한 털을 제거하는 것으로, 일시적 제모와 영구적 제모가 있으며 피부미용 분야에서의 제모는 자라나온 털을 일시적으로 제거하는 방법이다. 일시적 제모는 영구적 제모에 비해 적은 비용이 들지만 제모 후 일정기간이 지나면 다시 털이 자라나 지속적으로 시술해야 하는 번거로움이 있다.

1 일시적 제모의 종류

① 면도기를 이용한 제모   ② 핀셋(족집게)을 이용한 제모
③ 화학적 제모(크림 타입)   ④ 왁스를 이용한 제모

왁스의 종류	특징
온왁스 (Warm wax)	상온에서 고체인 왁스를 왁스 워머에 녹여서 사용한다. **소프트왁스 시술 방법** • 화장수 또는 알코올로 소독한다. • 탈컴 파우더를 바른다. • 스파츌라로 왁스가 녹았는지 온도를 확인한다. • 털이 난 방향대로 왁스를 바른다. • 부직포를 대고 털이 난 반대 방향으로 비스듬히 재빠르게 제거한다. • 남아있는 털을 족집게를 이용해서 제거한다. • 진정용 화장수나 로션을 바른다.

냉왁스 (Cold wax)	상온에서 액체로 되어 있어 녹이지 않고 사용한다.

2 제모를 금해야 하는 경우(부적응증)

① 궤양이나 종기가 있는 경우

② 혈전증이나 정맥류가 심한 경우

③ 당뇨병 환자

④ 상처나 피부 질환이 있는 경우

⑤ 자외선으로 화상을 입은 경우

⑥ 간질 환자

Section 2 사전준비 및 수행순서

요구내용	왁스 워머에 데워진 핫 왁스를 필요량만큼 용기에 덜어서 작업에 사용하고, 다리에 왁스를 부직포 길이에 적합한 면적만큼 도포한 후, 체모를 제거하고 제모 부위의 피부를 정돈하시오. ※ 제모는 좌우 구분이 없으며 부직포 제거 전 손을 들어 감독의 확인을 받으시오.
시간	10분
과제 준비물	정리대, 소독제, 왁스 워머, 왁스, 진정젤, 탈컴 파우더, 온왁스, 나무 스파츌라, 종이컵, 장갑, 족집게, 가위, 부직포, 화장솜
유의사항	① 제모 시 발을 제외한 좌우측 다리(전체) 중 적합한 부위에 한 번만 제거한다. ② 관리 부위에 체모가 완전히 제거되지 않았을 경우 족집게 등으로 잔털 등을 제거한다. ③ 제모 작업은 7×20cm 정도의 부직포 1장을 이용한 도포 범위(4~5×12~14cm)를 기준으로 한다. ④ 고객을 위한 위생을 철저히 점검한다. ⑤ 해당 관리 부위 외 모델의 노출을 최소화한다. ⑥ 제모 부위는 좌 · 우측 중 한쪽 하퇴 외측면으로 정중앙부를 제외한 옆면으로 한다(단, 모델이 외측면에 체모가 없고 중앙부에만 있는 경우 중앙부를 걸쳐서 제모해도 됨). ⑦ 왁스가 너무 뜨겁지 않게 반드시 온도를 체크한다. ⑧ 대타월로 고객을 덮어 준다.

수행순서	① 베드 세팅하기 ② 장갑 착용 및 소독하기 ③ 제모 도구 세팅하기 ④ 제모 부위 소독 및 파우더 바르기 ⑤ 왁스 도포 및 부직포 부착하기 ⑥ 부직포 제거하기 ⑦ 족집게로 잔여 털 제거하기 ⑧ 진정젤 바르기 ⑨ 마무리 작업하기

Section 3 **제모하기**

1 베드 세팅하기

중점	제모의 기본(부위, 모발의 방향, 모양) 이해가 되었는가를 평가한다.
부연설명	제모에 필요한 제품과 도구를 준비해야 한다.

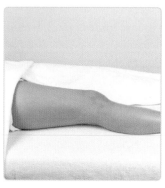

❶ 제모할 다리 부위의 타월을 걷어 올린다.

❷ 왁스가 대타월에 떨어질 경우를 대비해서 제모할 다리 밑에 소타월을 깔아둔다.

Tip 소타월 대신 티슈나 키친타올 사용이 가능

② 장갑 착용 및 소독하기

① 라텍스 장갑을 착용한다.

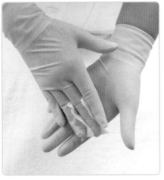

② 장갑 착용 후 소독한다.

③ 제모 도구 준비하기

쟁반 위에 티슈를 깔고 부직포, 족집게, 가위, 솜 등을 올려 침대 위에 준비해둔다.

> **Tip** 가위는 체모의 길이가 길 경우 1cm 내외로 자를 때 사용(체모가 짧으면 가위 사용은 안 해도 되나, 준비물을 갖춰 두도록 함)

④ 제모 부위 소독 및 파우더 바르기

중점	작업 방향을 정확하게 해야 한다.
부연설명	• 제모 시 순서를 지켜서 한다(알콜 소독 → 털이 난 방향 체크 → 탈컴 파우더 → 왁스 → 부직포를 밀착시킨 후 떼어냄 → 족집게 → 진정젤). • 제거한 털을 퍼프에 놓고 모근까지 뽑힌 것을 확인한다.

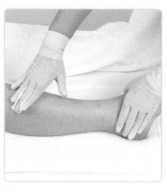 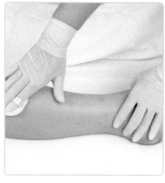 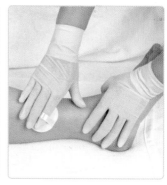

❶ 제모 관리할 다리 부위를 소독한다.　❷ 제모할 부위에 털이 난 방향으로 탈컴 파우더를 바른다.

> **Tip** 제모 부위에 파우더를 바르는 것은 피부의 유·수분을 제거하여 왁스의 밀착력을 높이기 위해서 임

5 왁스 도포하기

  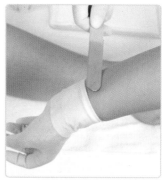

❶ 왁스 워머에서 적당량의 왁스를 종　❷ 적절한 규격에 맞게 나무 스파츌라　❸ 왁스를 바르기 전에 손목 안쪽으로
이컵에 덜어온다.　　　　　　　　　에 왁스를 덜어낸다.　　　　　　　　온도를 체크한다.

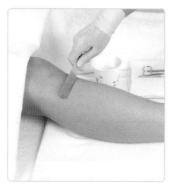 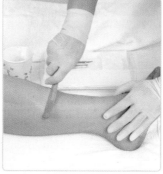 

❹ 제모할 부위에 털이 난 방향의 45도 각도로 바른다. 종아리 측면에 밀착하여　❺ 왁스가 부직포 밖으로 나오지 않게
균일한 두께의 직사각형 모양으로 깔끔하게 도포한다.　　　　　　　　　　　규격을 잘 맞춰서 털이 난 방향으
　　　　　　　　　　　　　　　　　　　　　　　　　　　　　　　　　　　　로 밀착시킨다.

> **Tip** 부직포의 규격은 가로 7cm, 세로 20cm이며, 적절한 왁스 도포 규격은 부직포 규격보다는 조금 작은 사이즈로, 가로 5cm, 세로 13~15cm 정도 로 함

6 부직포 제거하기

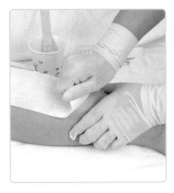

❶ 한 손으로 발목 방향으로 텐션을 주고, 다른 손으로 부직포를 잡아 털이 난 반대 방향으로 비스듬하게 재빠르게 떼어 낸다.

Tip 부직포 제거 시, 반드시 손을 들고 감독 입회하에 제거

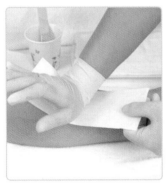
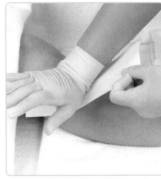
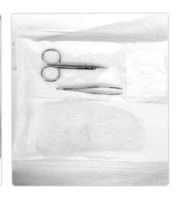

❷ 제거되지 않은 왁스 잔여물을 부직포를 사용하여 떼어 낸다.

❸ 제거한 부직포는 감독관이 확인할 수 있게 쟁반에 놓아둔다.

7 족집게로 제거하기

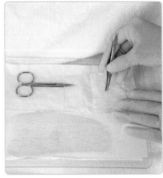

❶ 왁싱 후 잔털이 남아있을 경우 족집게로 제거한다.

❷ 제거한 털은 쟁반 위 솜에 놓아둔다. 모근까지 제거되어야 한다.

8 진정젤 바르기

중점	• 남은 왁스를 깨끗이 해야 한다. • 제모 부위를 위생적으로 처리해야 한다.

❶ 솜에 진정젤을 덜어 낸다.

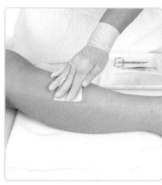

❷ 제모 부위에 진정젤을 도포한다.

> **Tip** 제모가 끝나면 제모 도구를 치우고, 장갑을 벗어 둠
> 감독관에게 확인받고 다리 부위를 대타월로 덮어줌

Section 4 | 평가

1 평가 준거

평가자는 학습자가 수행준거 및 평가 시 고려사항에 제시되어 있는 내용을 성공적으로 수행하였는지를 평가해야 한다.

학습내용	평가항목	성취수준		
		상	중	하
제모 관리	제모 관리의 전체 과정을 이해할 수 있다.			
	제모 관리 시 왁스 및 도구를 적절하게 사용할 수 있다.			
	제모 부적응증 및 주의사항 등을 이해할 수 있다.			

2 평가 방법

(1) 평가자 체크리스트

학습내용	평가항목	성취수준		
		상	중	하
제모 관리	작업 수행을 위한 준비 및 위생 상태			
	제모 부위 및 제모 규격의 적절성			
	왁스 도포 및 부직포 제거 동작의 적절성			
	족집게를 이용한 제모 방법			
	진정젤 사용 여부			
	왜건, 베드 및 기구 등의 정리정돈 및 마무리			

(2) 작업장 평가

학습내용	평가항목	성취수준		
		상	중	하
제모 관리	왜건, 베드 및 기구 등이 정리정돈되어 있어야 한다.			

FAQ 모델복장

Q. 모델용 가운은 어떻게 준비하나요?

A. 모델용 가운은 지정된 색의 가급적 무늬가 없는 것으로 준비하시면 됩니다. 현란하거나 큰 무늬를 제외한 작은 무늬(일명 땡땡이)가 있는 정도는 허용하며, 밴드형과 벨크로(찍찍이)형 중 하나를 준비하시면 됩니다. 그리고 겉가운은 검정 시설상 모델 대기실과 검정장이 떨어져 있어 이동을 해야 하는 경우가 많으므로 이때 사용하는 것으로 색깔 역시 지정된 색 계통으로 일반 가운형을 준비하시면 됩니다.

Q. 남성 모델용 옷은 색상이 상하의 통일인가요?

A. 남성 모델용 옷은 상의는 흰색, 하의는 베이지 혹은 남색으로 준비하시면 됩니다.

Q. 모델용 슬리퍼는 특별한 제한이 없나요?

A. 모델용 슬리퍼는 특별한 제한은 없습니다.

제모 최종 점검하기

✓ **주의사항**

- 왁스가 너무 뜨겁지 않게, 반드시 온도 체크를 한다.
- 왁스 도포 동작이나 모양이 매끄럽게 돼야 한다.
- 부직포 제거 시, 털이 난 반대 방향으로 재빠르게, 비스듬한 각도로 떼어낸다.
- 제거한 부직포는 감독 확인 전에 버리면 안 된다.
- 제모 후 다리에 왁스 잔여물과 제거되지 못한 털이 남아있으면 안 된다.

✓ **제모 Check Point!**

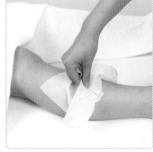

▲ 감독관은 휴지를 사용하여 왁스 잔여물을 확인할 수 있다.

✓ **감점요인**

왁스 잔여물이 피부에 남아있어 다리에 휴지가 달라붙는 경우

FAQ 제모

Q. **탈컴 파우더는 베이비파우더를 준비해 와도 됩니까?**

A. 탈컴 파우더를 사용하는 목적과 실제 효과가 베이비파우더와 유사하므로 베이비파우더로 대체하셔도 됩니다. 다만 탈컴 파우더를 권장합니다(이와 관련해서 감점 등은 없음).

Q. **진정 로션 혹은 젤로 알로에 젤을 사용해도 됩니까?**

A. 일반적으로 알로에의 함유량이 높은 알로에 젤이 진정용으로 많이 사용되고 있으므로 가능합니다.

3 과제

림프 관리

림프 관리 학습(NCS)의 개요

학습 목표

❶ 림프 관리 시 금기해야 할 상태를 구분할 수 있다.

❷ 림프 관리 시 적용할 피부 상태와 신체 부위를 구분할 수 있다.

❸ 림프절과 림프선을 알고 적절하게 관리할 수 있다.

❹ 림프정체성 피부를 파악하여 림프 관리를 적용할 수 있다.

내용체계

학습	학습 내용	요소 명칭
1. 림프 관리	1-1. 림프절과 림프선을 알고 적절하게 관리할 수 있다. 1-2. 적절한 압력과 유연성, 속도를 유지할 수 있다.	림프절, 림프선, 압력

핵심 용어

림프, 림프절, 림프선, 프로펀더스, 미들, 터미너스, 앵글루스, 템포랄리스, 파로티스

림프를 이용한 피부 관리 실기시험문제

순서	작업명	요구내용	시간	비고
1	림프를 이용한 피부 관리	적절한 압력과 속도를 유지하며 목과 얼굴 부위에 림프절 방향에 맞추어 피부 관리를 실시하시오(단, 애플라쥐 동작을 시작과 마지막에 하시오).	15분	종료시간에 맞추어 관리하시오.

유의사항

❶ 작업 전 관리 부위에 대한 클렌징 작업은 하지 마시오.

❷ 관리 순서는 애플라쥐를 먼저 실시한 후 첫 시작지점은 목 부위(Profundus)부터 하되, 림프절 방향으로 관리하며, 림프절의 방향에 역행되지 않도록 주의하시오.

❸ 적절한 압력과 속도를 유지하고, 정확한 부위에 실시하시오.

학습목표
- 림프 관리의 기본 원리를 이해할 수 있다.
- 림프절의 위치와 림프의 배출 방향 및 순서를 정확히 알 수 있다.
- 림프 관리 시 적절한 압력과 속도를 유지하며 동작을 유연하게 연결할 수 있다.
- 고객에게 안정감을 주면서 림프 관리를 마무리할 수 있다.

Section 1 림프 관리의 이해

1 림프드레나지(Lymph drainage)

1930년대 덴마크의 의사 에밀보더(Emil Vodder)에 의해 창안되었다. 림프의 순환을 촉진시켜 세포의 대사물질 및 노폐물의 배출을 원활하게 하여 조직 대사활동을 돕는 마사지 기법이며, 신체의 부종과 통증, 피부미용 문제점 등을 개선한다.

(1) 목적

① 림프순환을 촉진시켜 노폐물을 배출시킨다.

② 혈관을 건강하게 한다.

③ 부종을 해결한다.

④ 통증을 진정시킨다.

⑤ 자율신경계 작용의 균형을 이룬다.

(2) 림프드레나지의 적용

① 적용 피부

 ㉠ 자극에 민감한 피부

 ㉡ 알레르기 피부

 ㉢ 노화피부

ⓒ 여드름 피부

ⓞ 모세혈관 확장피부

ⓗ 부종이 심한 경우

ⓢ 수술 후 상처 회복

ⓘ 셀룰라이트 피부

ⓩ 홍반 피부

② 적용 금지 피부 : 모든 악성 질환, 급성 염증 질환, 갑상선 기능 항진, 심부전증, 천식, 결핵, 저혈압 등의 환자

③ 적용 방법

ㄱ 마사지 시 오일을 사용하지 않고 섬세하며 가볍게 실시한다(약 30~40mmHg의 압력).

ㄴ 림프의 흐름과 일치하도록 시행한다.

ㄷ 림프 동작의 종류(4가지) : 원 동작(Stationary circles), 펌프 동작(Pump technique), 퍼올리기 동작(Scoop technique), 회전 동작(Rotary technique)

정지상태의 원 동작	손가락 끝 부위나 손바닥 전체를 이용하여 림프배출 방향으로 압을 주는 동작
펌프 동작	엄지손가락과 네 손가락을 둥글게 하여 엄지와 검지의 안쪽 면을 피부에 닿게 하고 손목을 움직여 위로 올릴 때 압을 주는 동작으로 팔 다리에 주로 사용됨
퍼올리기 동작	엄지를 제외한 네 손가락을 가지런히 하여 손바닥을 이용해 손목을 회전하여 위로 쓸어 올리듯이 압을 주는 동작
회전 동작	손바닥 전체 또는 엄지손가락을 피부 위에 올려놓고 앞으로 나선형으로 밀어내는 동작

Section 2 사전준비 및 수행순서

요구내용	적절한 압력과 속도를 유지하며 목과 얼굴 부위에 림프절 방향에 맞추어 피부 관리를 실시하시오(단, 애플라쥐 동작을 시작과 마지막에 하시오). ※ 종료시간에 맞추어 관리하시오.
시간	15분
과제 준비물	왜건, 소독제

유의사항	① 작업 전 관리 부위에 대한 클렌징 작업은 하지 말아야 한다. ② 관리 순서는 애플라쥐를 먼저 실시한 후 첫 시작지점은 목 부위(Profundus)부터 하되, 림프절 방향으로 관리하며, 림프절의 방향에 역행되지 않도록 주의한다. ③ 적절한 압력과 속도를 유지하고, 정확한 부위에 실시한다. ④ 고객을 위한 위생을 철저히 점검한다. ⑤ 가슴 윗부분만 보이게 준비한다. ⑥ 액세서리는 착용하지 않는다. ⑦ 대타월로 고객을 덮어 준다. ⑧ 헤어터번은 사용하지 않는다.
수행순서	① 손 소독을 한다. ② 데콜테 림프드레나지를 실시한다. ③ 얼굴 부위 림프드레나지를 실시한다.

Section 3 림프를 이용한 피부 관리하기

1 준비하기

(1) 부위 명칭 익히기

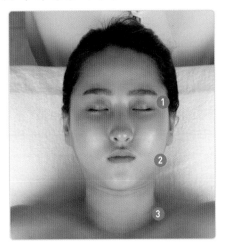

▲ 얼굴 전면

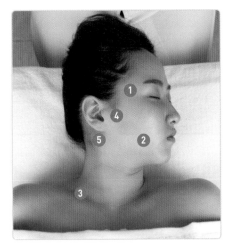

▲ 얼굴 측면

❶ 템포랄리스(Temporalis) : 관자놀이, 움푹 들어간 부분

❷ 앵글루스(Angulus) : 하악골, 턱이 끝나는 부분

❸ 터미너스(Terminus) : 쇄골의 위쪽, 움푹 들어간 부분

❹ 파로티스(Parotis) : 귀의 앞부분, 하악골과 상악골의 중간 부분

❺ 프로펀더스(Profundus) : 귀 뒤쪽 움푹 들어간 부분

(2) 림프드레나지의 방향 및 순서

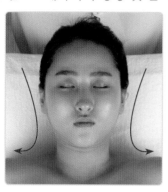

❶ 림프드레나지는 화살표와 같이 템포랄리스에서 터미너스 방향으로 움직인다.

❷ 터미너스 방향을 향해 30mmHg의 압력(대략 100원짜리 동전을 올려놓은 정도의 압)으로 직진한 후 압을 완전히 빼면서 관리사의 새끼손가락 방향으로 고정 원 그리기를 한다.

> **Tip** 림프 관리 시에는 헤어터번을 사용하지 않으며, 왜건은 2과제 세팅 상태 그대로 준비함

2 손 소독하기

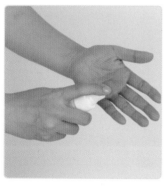

스프레이 또는 알콜솜으로 소독한다.

3 데콜테 관리

(1) 데콜테 쓰다듬기

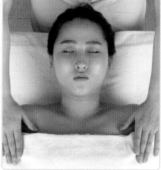
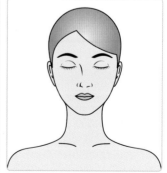

데콜테 가운데에서 액와(겨드랑이) 방향으로 쓰다듬기 한다.

> **Tip** 주어진 일러스트에 테크닉 동작을 따라 화살표로 그려보세요!

(2) 측경부 고정 원 그리기

 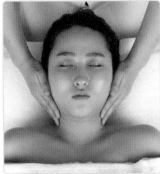 

프로펀더스 – 중간 부위 – 터미너스 순서로 고정 원 그리기 한다.

(3) 턱 아래 부위

 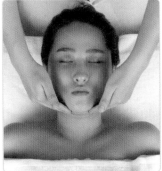 

턱 아래 중앙, 중간, 하악 부위를 3등분해서 고정 원 그리기 한다.

(4) 측경부 고정 원 그리기

프로펀더스 – 중간 부위 – 터미너스 순서로 고정 원 그리기 한다.

(5) 귀 부위

 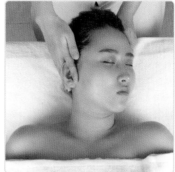

검지와 중지 사이에 귀를 끼워 고정 원 그리기 한다.

(6) 측경부 고정 원 그리기

프로펀더스 – 중간 부위 – 터미너스 순서로 고정 원 그리기 한다.

(7) 데콜테 쓰다듬기

  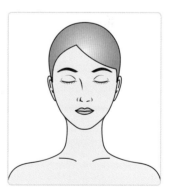

데콜테 가운데에서 액와(겨드랑이) 방향으로 쓰다듬기 한다.

4 얼굴 관리

(1) 얼굴 쓰다듬기

양 엄지 측면으로 턱선, 볼 부위, 이마 부위를 쓰다듬기 한다.

(2) 턱 부위(입술 밑)

입술 아래 턱 중앙 – 중간 – 앵글루스 순서로 고정 원 그리기 한다.

(3) 윗입술 부위

윗입술 위 – 양쪽 입꼬리 – 앵글루스 순서로 고정 원 그리기 한다.

(4) 측경부 고정 원 그리기

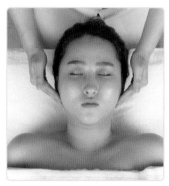 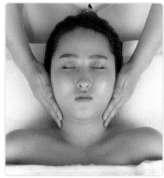 

프로펀더스 – 중간 부위 – 터미너스 순서로 고정 원 그리기 한다.

(5) 코 부위

❶ 콧대 하단을 중앙 – 중간 – 아래 부위 순서로 고정 원 그리기 한다.

❷ 콧대 중단을 중앙 – 중간 – 아래 부위 순서로 고정 원 그리기 한다.

❸ 콧대 상단을 중앙 – 중간 – 아래 부위 순서로 고정 원 그리기 한다.

❹ 콧벽을 따라 상단 – 중단 – 하단 순서로 고정 원 그리기 한다.

(6) 긴 여행

❶ 관골(광대뼈) – 입꼬리 – 턱 중앙 부위 순서로 고정 원 그리기 한다.

❷ 턱 아래 부위를 중앙 – 중간 – 하악각 순서로 고정 원 그리기 한다.

(7) 측경부 고정 원 그리기

 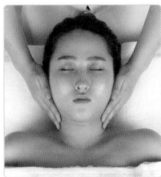 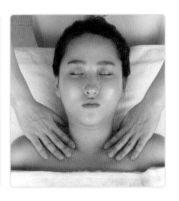

프로펀더스 – 중간 부위 – 터미너스 순서로 고정 원 그리기 한다.

(8) 눈 부위

❶ 눈 앞머리 아래에서 눈꼬리 아래 부위에 이르는 지점을 3등분해서 고정 원 그리기 한다.

❷ 콧벽을 검지로 번갈아 쓸어 올려준다.

❸ 눈썹 머리 부위에서 눈썹 꼬리 부위에 이르는 지점을 3등분해서 엄지와 검지로 살짝 집어준다.

(9) 눈썹 부위

❶ 눈썹 머리 부위에서 눈썹 꼬리 부위에 이르는 지점을 3등분해서 고정 원 그리기 한다.

❷ 양손 엄지를 콧벽을 타고 이마 방향으로 쓸어 올려 주면서 눈썹 위에 올려 양 손을 겹쳐서 마주 보도록 한다.

❸ 겹쳐진 양손을 풀어 양손 날로 얼굴 옆 부위를 살포시 누른다.

(10) 이마 부위

  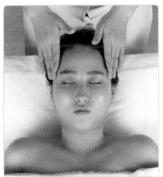

❶ 이마 하단 중앙 – 중간 – 끝 부위를 고정 원 그리기 한다.

3과제

림프를 이용한 피부 관리

 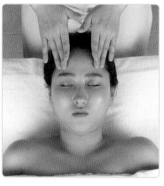 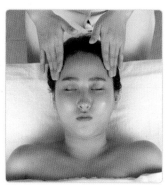

❷ 이마 중단 중앙 – 중간 – 끝 부위를 고정 원 그리기 한다.

❸ 이마 상단 중앙 – 중간 – 끝 부위를 고정 원 그리기 한다.

(11) 얼굴 측면 부위

❶ 템포랄리스 고정 원 그리기 한다.　　❷ 파로티스 고정 원 그리기 한다.

(12) 측경부 고정원 그리기

프로펀더스 – 중간 부위 – 터미너스 순서로 고정 원 그리기 한다.

(13) 얼굴 쓰다듬기

양 엄지 측면을 이용하여 턱선 - 볼 부위 - 이마 부위 - 볼 부위 - 턱선 - 측경부 순으로 쓰다듬기 한다.

Section 4 평가

1 평가 준거

평가자는 학습자가 수행준거 및 평가 시 고려사항에 제시되어 있는 내용을 성공적으로 수행하였는지를 평가해야 한다.

학습내용	평가항목	성취수준		
		상	중	하
림프 관리	림프 관리의 기본 원리를 이해할 수 있다.			
	림프절의 위치와 림프의 배출 방향 및 순서를 정확히 알 수 있다.			
	림프 관리 시 적절한 압력과 속도를 유지하며 동작을 유연하게 연결할 수 있다.			
	고객에게 안정감을 주면서 림프 관리를 마무리할 수 있다.			

2 평가 방법

(1) 평가자 체크리스트

학습내용	평가항목	성취수준		
		상	중	하
림프 관리	침대 및 기구 등의 정리정돈이 되어 있어야 한다.			
	관리를 위해 손 소독을 해야 한다.			
	작업에 적합하고 순환이 원활하도록 모델의 준비가 되어 있어야 한다.			
	방향이 정확해야 한다.			
	시작은 목 부위(Profundus)부터 해야 한다.			
	작업 부위가 정확해야 한다.			
	적합한 압력으로 관리해야 한다(필요 이상의 강한 압력을 사용해서는 안 된다).			
	적절한 속도를 유지해야 한다.			
	동작의 사용이 부드러워야 한다.			
	주변 정리정돈이 되어 있어야 한다.			

(2) 작업장 평가

학습내용	평가항목	성취수준		
		상	중	하
림프 관리	왜건, 베드 및 기구 등의 정리정돈이 되어 있어야 한다.			

림프를 이용한 피부 관리 최종 점검하기

✔ **주의사항**

- 처음 시작은 쓰다듬기 동작 시작 후 측경부에서 진행되어야 한다.
- 손 소독을 한 후 림프 관리를 실시한다.
- 가볍게 터치하는 정도의 압으로 일정한 속도를 유지한다.
- 림프의 방향이 역류하지 않도록 한다.
- 주어진 시간 내 쓰다듬기 동작으로 마무리 한다.
- 모세혈관의 압력보다 더 낮게 마사지한다(가볍게 터치하는 정도).
- 주어진 시간의 90%(대략 14분까지)는 테크닉을 실시한다.

MEMO

美친 적중률
美친 합격률
美친 만족도

최고의 국가자격시험 수험서를 제대로
만들고 싶어하는 성안당의 마음입니다

피부미용사

실기시험 에 美 미치다

(美: 아름다울 미)

특별부록

PART 01 몸매 클렌징   PART 04 피부미용 기구 활용
PART 02 등 관리   PART 05 피부미용 화장품 사용
PART 03 복부 관리

특별부록에 수록된 몸매 클렌징, 등 관리, 복부 관리, 피부미용 기구 활용
및 피부미용 화장품 사용은 국가직무능력표준(NCS) 학습모듈 '피부미용'에
따른 부가적인 내용으로 고등학교, 직업학교 등의 NCS 기반 과정형 학습에
사용되는 자료입니다. 현재 한국기술자격검정원에서 시행하는 국가기술자
격 미용사(피부) 실기시험에는 출제되지 않음을 알려드립니다.

BM (주)도서출판 성안당

- 몸매 부위별 피부 유형에 따라 클렌징 방법과 제품을 선택할 수 있다.
- 몸매 피부 유형에 맞는 제품과 테크닉으로 클렌징할 수 있다.
- 온습포 또는 경우에 따라 냉습포로 닦아내고 토너로 정리할 수 있다.

Section 1 사전준비 및 수행순서

준비물	정리대, 토너, 클렌징 제품, 유리볼, 화장솜, 티슈, 쟁반, 온습포
유의사항	① 고객을 위한 위생을 철저히 점검한다. ② 클렌징하는 부위만 보이도록 준비한다. ③ 액세서리는 착용하지 않는다. ④ 헤어터번으로 머리카락을 감싼다.
수행순서	① 손을 소독한다. ② 클렌징한다. ③ 온습포로 닦아낸다. ④ 토너로 마무리한다.

몸매 클렌징하기

1 손 소독하기

스프레이 또는 알콜솜으로 소독한다.

2 클렌징하기

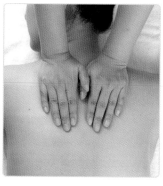
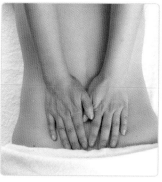

❶ 클렌저에 물을 가볍게 묻히고 피부에 도포한다.

❷ 가볍게 문지르기 한다.

❸ 어깨에서 아래 방향으로 큰 원을 그리며 문지르기 한다.

부록

몸매 클렌징

❹ 옆구리를 타고 어깨로 올라온다.

3 온습포 닦아내기

길게 반으로 접은 온습포를 등 부위에 올려놓은 후 등 전체를 닦는다.

Section 3 평가

1 평가 준거

평가자는 학습자가 수행준거 및 평가 시 고려사항에 제시되어 있는 내용을 성공적으로 수행하였는지를 평가해야 한다.

학습내용	평가항목	성취수준		
		상	중	하
몸매 클렌징	몸매 피부 유형별 상태에 따라 클렌징 방법과 제품을 선택할 수 있다.			
	몸매 피부 유형에 맞는 제품과 테크닉으로 클렌징할 수 있다.			
	온습포로 닦아내고 토너로 정리할 수 있다.			

2 평가 방법

(1) 평가자 체크리스트

학습내용	평가항목	성취수준		
		상	중	하
몸매 클렌징	위생 상태			
	피부 유형과 맞는 화장품 선택 능력			
	클렌징 방법과 테크닉 능력			
	온습포 사용 여부			
	토너 사용 여부			

FAQ 도구

Q. 알코올 및 분무기는 분무기에 알코올을 넣어오면 되는 건가요?

A. 펌프식 혹은 스프레이식의 분무기에 알코올을 넣어 오시면 되고 이것은 화장품, 기구 혹은 손 등의 소독 시에 사용됩니다. 그리고 스프레이식을 사용하여 소독하는 것에 대한 감점 등의 사항은 없습니다.

Q. 미용솜과 일반솜은 무엇을 얘기하는 건가요?

A. 미용솜은 일반 화장솜을, 일반솜은 탈지면(코튼)을 의미합니다. 둘 다 소독용 혹은 클렌징용으로 사용됩니다.

Q. 보울과 대야(해면볼)는 어떤 사이즈를 준비하면 됩니까?

A. 보울은 소형의 유리 혹은 플라스틱 볼을 준비하면 되고 화장품을 덜어서 사용하는 용도로 이용됩니다. 그리고 대야(해면볼)는 물을 떠놓거나 해면볼로 사용됩니다.

부록

몸매 클렌징

PART
02 | 등 관리

학습목표	• 등 관리에 맞는 제품을 선택할 수 있다. • 등의 상태를 파악하고 목적에 맞는 매뉴얼 테크닉을 적용할 수 있다. • 시간, 속도, 리듬, 밀착, 세기를 고려하여 등 매뉴얼 테크닉을 할 수 있다.

Section 1 사전준비 및 수행순서

준비물	정리대, 토너, 마사지 오일(또는 크림), 유리볼, 화장솜, 티슈, 쟁반, 온습포
유의사항	① 뼈에 무리가 가는 동작은 삼간다. ② 고객을 안정감 있게 배려하여야 한다. ③ 관리를 하는 부위만 제외하고 노출이 되지 않게 고객을 배려한다.
수행순서	① 베드에 고객을 눕힌다. ② 머리에 터번을 씌운다. ③ 피부 유형에 맞는 오일이나 크림을 바른다. ④ 매뉴얼 테크닉 5가지 동작을 리듬, 세기, 속도, 밀착, 시간을 적절히 배분하여 테크닉한다. ⑤ 온습포로 닦아낸다. ⑥ 토너로 마무리한다.

Section 2 등 관리하기

1 오일 준비 및 도포

(1) 오일 준비하기

오일을 손에 덜어 준비한다.

(2) 오일을 도포하고 등 전체 쓰다듬기

 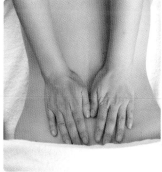 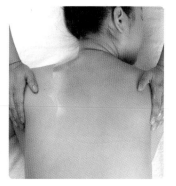

목 중앙에서부터 척추기립근을 따라 옆구리를 거쳐 팔, 목까지 쓰다듬기 한다.

부록

음식

2 등 매뉴얼 테크닉

(1) 척추기립근 풀기

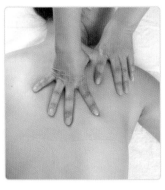 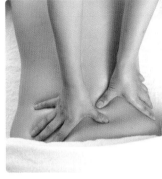 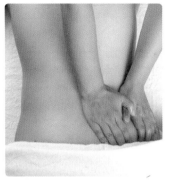

양 엄지를 이용하여 어깨부터 견갑골, 척추기립근, 둔부까지 문지르기 한 후 양손바닥을 이용하여 둔부에서 옆구리를 따라 팔까지 올라온다.

(2) 늑골 훑기

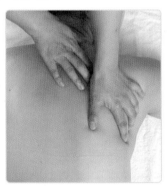  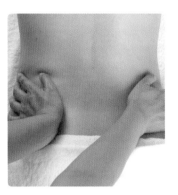

견갑골부터 허리까지 손바닥으로 번갈아 쓸어준 후 허리를 주무르고 둔부를 굴려준다.

(3) 어깨 주무르기

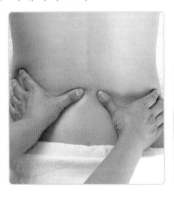 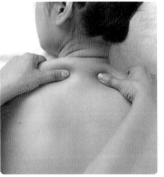 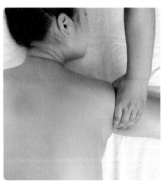

양 엄지를 이용하여 둔부에서부터 척추기립근을 따라 올라온 후 어깨를 주무르며 양 어깨 라인을 쓸어주기 한다.

(4) 팔 주무르기

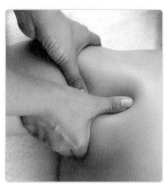

❶ 양 엄지를 이용하여 어깨라인 문지르기 한 후 위팔을 주무르기 한다. ❷ 전완부를 문지르고 손바닥까지 쓸어주기 한다.

(5) 견갑골 라인 쓸어주기

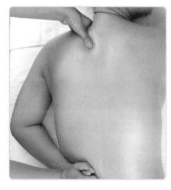

❶ 엄지로 견갑골 라인을 쓸어주고 양손바닥으로 번갈아 쓸어주기 한다. ❷ 견갑골 라인을 가볍게 눌러준다.

(6) 목 주무르기

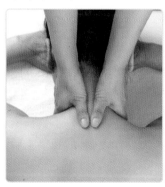

양 엄지와 손바닥을 이용하여 어깨 부위를 쓸어준 후 목 주무르기 한다.

(7) 전체 쓰다듬기

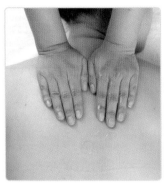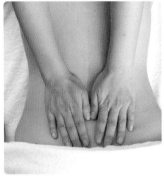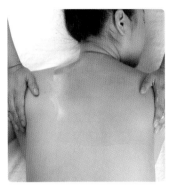

목 중앙에서부터 척추기립근을 따라 옆구리를 거쳐 팔, 목까지 쓰다듬기 한다.

3 온습포 닦기

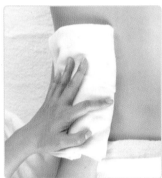

길게 반으로 접은 온습포를 등 부위에 올려놓은 후 등 전체를 닦는다.

4 토너로 마무리하기

등 전체를 토너로 적신 탈지면을 이용하여 닦는다.

평가

1 평가 준거

평가자는 학습자가 수행준거 및 평가 시 고려사항에 제시되어 있는 내용을 성공적으로 수행하였는지를 평가해야 한다.

학습내용	평가항목	성취수준		
		상	중	하
등 관리	등 피부 유형에 맞는 제품을 선택할 수 있다.			
	등의 상태를 파악하고 목적에 맞는 매뉴얼 테크닉을 적용할 수 있다.			
	시간, 속도, 리듬, 밀착성, 세기를 고려하여 등 매뉴얼 테크닉을 구사할 수 있다.			

2 평가 방법

(1) 평가자 체크리스트

학습내용	평가항목	성취수준		
		상	중	하
등 관리	부위에 맞는 5가지 동작 안배하기			
	피부 상태에 맞는 제품 선별 능력			
	위생적으로 관리하기			

PART

03 | 복부 관리

학습목표
- 고객의 복부 상태에 따른 금기사항을 파악할 수 있다.
- 복부 피부 유형에 맞는 제품을 선택할 수 있다.
- 복부의 상태를 파악하고 목적에 맞는 복부 매뉴얼 테크닉을 적용할 수 있다.
- 시간, 속도, 리듬, 밀착, 세기를 고려하여 복부 매뉴얼 테크닉을 구사할 수 있다.

Section 1   **사전준비 및 수행순서**

준비물	정리대, 토너, 마사지 오일(또는 크림), 유리볼, 화장솜, 티슈, 쟁반, 온습포
유의사항	① 금기 대상은 복부 관리를 삼간다. ② 식후 30분 전에는 복부 관리를 피한다. ③ 관리를 하는 부위만 제외하고 노출이 되지 않게 고객을 배려한다. ④ 위생적으로 해야 한다.
수행순서	① 베드에 고객을 눕힌다. ② 부위별로 타월을 덮는다. ③ 피부 유형에 맞는 오일이나 크림을 바른다. ④ 복부 시계방향으로 부위에 맞게 5가지 동작을 리듬, 세기, 속도, 밀착, 시간을 적절히 안배하여 테크닉을 구사한다. ⑤ 온습포로 닦아낸다. ⑥ 토너로 마무리한다.

복부 관리하기

1 **오일 준비 및 도포**

(1) 오일 준비하기

오일을 손에 덜어 준비한다.

(2) 오일 도포 및 전체 쓰다듬기

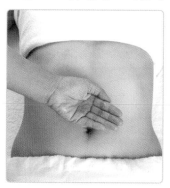 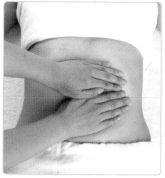 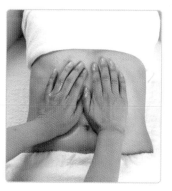

배꼽에서부터 원을 그리며 오일(크림)을 도포한다.

2 복부 매뉴얼 테크닉

(1) 복부 세로로 쓰다듬기

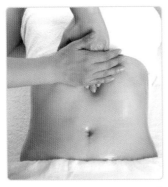  

명치 부위부터 시작해서 하단 전까지 세로 방향으로 지긋이 압을 주며 쓰다듬기 한다.

(2) 늑골 훑기

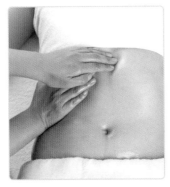  

양손바닥으로 늑골을 쓸어주며 다이아몬드 모양으로 쓰다듬기 한다.

(3) 복직근 세로 방향으로 밀어주기

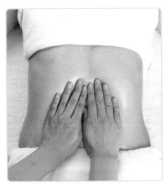 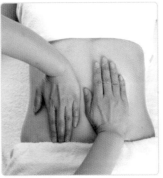 

복직근을 수근(손 근육) 부위로 위아래 엇갈려 밀어주기 한다.

(4) 복직근 가로 방향으로 밀고 당기기

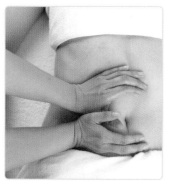 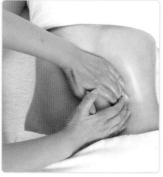

복직근을 가로 방향으로 밀고 당겨준다.

(5) 옆구리 주무르기

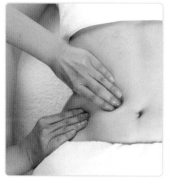  

옆구리를 주무르기 한 후 튕겨준다.

(6) 결장 쓰다듬기

상행결장, 횡행결장, 하행결장, S결장을 쓰다듬기 한다.

(7) 배꼽 주위 원 그리기

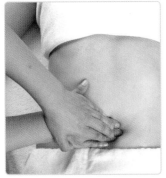 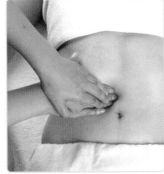 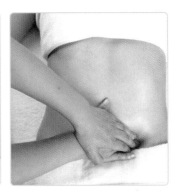

네 손가락을 이용하여 배꼽 주위를 원 그리기 한다.

(8) 세로 방향으로 쓸기

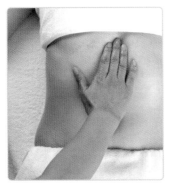 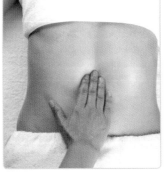 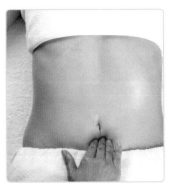

명치에서 치골까지 세로 방향으로 진동주기 한다.

(9) 마무리

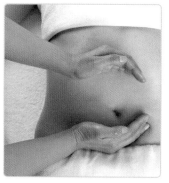 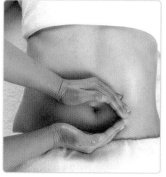 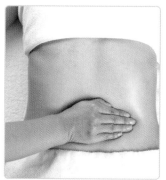

배꼽 안에 공기를 넣으며 진동주기 한다.

3 온습포 닦기

  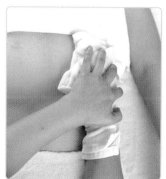

복부 전체를 온습포로 닦는다.

4 토너로 마무리하기

  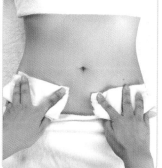

토너로 탈지면을 적신 후 복부 전체를 닦는다.

복부 관리

평가

1 평가 준거

평가자는 학습자가 수행준거 및 평가 시 고려사항에 제시되어 있는 내용을 성공적으로 수행하였는지를 평가해야 한다.

학습내용	평가항목	성취수준		
		상	중	하
복부 관리	고객의 복부 상태에 따른 금기 사항을 파악할 수 있다.			
	복부 피부 유형에 맞는 제품을 선택할 수 있다.			
	복부의 상태를 파악하고 목적에 맞는 복부 매뉴얼 테크닉을 적용할 수 있다.			

2 평가 방법

(1) 평가자 체크리스트

학습내용	평가항목	성취수준		
		상	중	하
복부 관리	복부 상태 유형별 제품 선택 능력			
	5가지 테크닉 구사하기			
	위생적으로 복부 관리하기			

04 | 피부미용 기구 활용

> **학습목표** 피부 유형과 피부 상태, 부위 등을 파악하여 피부미용 기구의 열, 물리적인 힘, 압력을 적용시키며 색채, 빛, 온도와 물을 신체 부위에 활용하여 건강한 피부를 유지시킬 수 있다.

Section 1 피부미용 기구

1 기본 용어와 개념

전기를 이용한 피부미용 관리는 전기적 에너지를 이용하여 만들어진 기기를 인체에 적용했을 때 나타나는 효과를 활용하여, 인체의 미용적 관리에 응용한 것이다.

(1) 물질

물질은 원자와 분자로 구성된다.

① 원자 : 원소의 성질을 가지고 있는 원소의 가장 작은 부분을 말한다.

② 분자 : 물(H_2O)과 같이 물질의 특성을 가지는 최소 단위를 말한다.

(2) 원자의 구조

① 원자핵(Atomic nucleus)

ㄱ 양성자(Proton) : 양(+)전하를 띠는 원자핵의 구성요소로, 원자핵의 양성자 수가 원소의 종류를 구분하고, 양성자의 수를 원자번호라고 한다.

ㄴ 중성자(Neutron) : 전기적으로 중성이며 전하를 갖지 않는다.

② 전자(Electron) : 음(−)전하를 띠며, 핵 주위의 전자궤도를 이루게 된다. 전기적으로 중성을 띠는 원자는 양성자와 전자의 수가 같다.

(3) 이온(Ion)

이온이란 전하를 띤 입자로, 양이온과 음이온으로 분류된다.

① 양이온 : 원자가 전자를 잃고 양(+)전하를 띠는 입자를 말한다($Na - e^- \rightarrow Na^+$).

② 음이온 : 원자가 전자를 얻어 음(-)전하를 띠는 입자를 말한다($Cl + e^- \rightarrow Cl^-$).

(4) 물질의 결합

원자는 다른 원자와 전자를 공유하거나, 이온화된 원자가 정전기적으로 결합되거나, 전기 인력에 의해 결합된다. 이렇게 원자끼리 결합하여 만들어진 물질을 화합물이라 하며, 화합물의 결합은 결합 방법에 따라 이온결합, 공유결합, 금속결합으로 분류된다.

2 전기

전기란 전자가 한 원자에서 다른 원자로 이동하는 현상이라 할 수 있다.

(1) 전기의 발생

물체를 마찰시키면 전자가 물체에서 다른 물체로 이동하여 전기를 띠게 된다. 전자를 잃은 물체는 양(+)전하, 전자를 얻은 물체는 음(-)전하를 띤다.

(2) 전하

전하(Electric charge)란 물질을 구성하는 입자가 띠고 있는 전기로, 전기 현상의 원인이다.

① 원자핵은 양(+)전하를 가지고 있고, 전자들은 음(-)전하를 가지고 있다.

② 같은 전하를 띤 물질끼리는 서로 밀어내고, 다른 전하를 띤 물질끼리는 서로 끌어당긴다.

(3) 전기의 분류

전기는 정전기(마찰전기)와 동전기로 나뉘며, 동전기는 직류(DC)와 교류(AC)로 나뉜다.

① 정전기(Static electricity) : 정지해있는 전기, 즉 마찰에 의해 발생되는 전기를 말한다.

② 동전기(Dynamic electricity) : 화학적 반응이나 자기장에 의해 발생되는 전기를 말한다.

〈전기의 분류〉

(4) 주파수에 따른 분류

주파수란 1초 동안에 일어나는 전기적 진동수를 말한다. 단위는 사이클(Cycle) 또는 헤르츠(Hertz, Hz)이다.

① 저주파 전류 : 주파수가 1~1,000Hz까지인 전류를 말한다.

② 중주파 전류 : 주파수가 1,000~10,000Hz까지인 전류를 말한다.

③ 고주파 전류 : 주파수가 100,000Hz 이상인 전류를 말한다.

3 전류

(1) 전류(Electric current)

전류란 음(-)전하를 지닌 전자의 흐름이라 할 수 있다. 도선에 전류가 흐를 때 전자가 이동하며 전자가 지닌 음(-)전하도 함께 이동한다.

(2) 전류의 방향

전류는 도선을 따라 양(+)극에서 음(-)극으로 흐르고, 전자는 도선을 따라 음(-)극에서 양(+)극으로 흐른다. 즉, 전자의 방향과 전류의 방향은 반대이다.

(3) 전류의 세기

① 1초 동안 한 점을 통과하는 전하의 양을 의미한다.

② 단위는 암페어(A)이며 전류계로 측정한다.

③ 전류는 높은 전위에서 낮은 전위 쪽으로 흐른다.

Section 2 피부미용 기구 사용법

1 피부 분석 진단기

(1) 확대경(Magnifying glass)

① 육안으로 구분하기 어려운 문제성 피부를 관찰할 때 사용한다.

② 3.5~5배로 확대가 가능하다.

③ 확대경 사용 시 눈을 보호하기 위하여 아이패드를 착용해야 한다.

(2) 우드램프(Wood's lamp)

① 피지, 민감도, 모공의 크기, 트러블, 색소침착 등을 인공 특수 자외선 파장을 이용해 분석하는 피부 분석기기이다.

② 정확한 분석을 위해 주위를 어둡게 하고 사용한다.

③ 반드시 아이패드를 착용한 후 우드램프를 사용해야 한다.

④ 피부를 깨끗이 씻은 후 분석한다.

〈우드램프에 나타나는 색상에 따른 피부 분석〉

피부 상태	측정기 반응
정상피부	청백색
건성피부	밝은 보라색
색소침착 피부	암갈색
각질 부위	하얗게 떠보임
피지 분비로 인한 지성피부(블랙헤드)	오렌지색
화농성 여드름	담황색
민감성피부	짙은 보라색
비립종	노란색

(3) 유분 측정기(Sebum meter)

① 빛의 투과성을 이용하여 특수 플라스틱 테이프에 묻어난 유분기로 피부의 유분 상태를 측정한다.

② 20~22℃의 온도와 40~60%의 습도가 피부의 유분 상태를 측정하기에 가장 적당하다.

(4) 수분 측정기(Coreometer)

① 유리로 만든 탐침을 피부 부위에 대면 표피의 수분 함유량을 측정해 수치로 표시해준다.

② 20~22℃의 온도와 40~60%의 습도가 피부의 수분 상태를 측정하기에 가장 적당하다.

(5) 피부 pH 측정기

피부의 산성도와 알칼리도를 측정하며 예민도 또는 유분기 등을 분석할 수 있다.

(6) 두피 진단기

① 두피의 모공, 모근, 모발의 큐티클 상태는 200~300배율에서 주로 측정하며, 더욱 정확한 진단을 위해서 800배까지 확대가 가능하다.

② 두피의 상태와 탈모의 진행도를 확인할 수 있다.

(7) 스킨스코프

관리사와 고객이 동시에 화면을 보면서 피부를 분석할 수 있다.

2 안면 관리를 위한 기기

(1) 전동 브러시(프리마톨)

천연 양모 소재의 브러시를 피부에 다양한 속도로 적용하여 클렌징, 딥 클렌징, 매뉴얼 테크닉 등의 효과를 준다.

(2) 스티머(Steamer, 베이퍼라이저)

① 각질 연화 작용으로 모공 속 지방과 노폐물의 배출을 용이하게 한다.

② 피부의 긴장감을 풀어준다.

③ 온열 효과가 있어 혈액순환이 촉진되며, 세포의 신진대사가 활성화된다.

(3) 갈바닉 기기

양(+)극의 효과 (이온토포레시스, 카타포레시스)	음(−)극의 효과 (디스인크러스테이션, 아나포레시스)
• 산성 반응(산성 물질 침투) • 신경 자극 감소 • 조직을 단단하게 하고 활성화시킴 • 혈관 수축 • 수렴 효과 • 염증 감소 • 통증 감소 • 진정 효과	• 알칼리성 반응(알칼리 물질 침투) • 신경 자극 증가 • 조직을 부드럽게 함 • 혈관 확장 • 세정 효과(각질 제거) • 피지 용해 • 통증 증가

(4) 루카스(스프레이, 분무기)

진공 펌프의 원리를 이용하여 얼굴에 화장수 등을 뿌려 주는 기기로, 불순물 제거 및 산성 막 생성 촉진, 보습 등의 효과가 있다.

(5) 리프팅 기기

종류	효과
고무장갑형 리프팅기	• 피부의 혈액순환 및 림프순환을 촉진시킨다. • 주름 개선에 도움을 준다. • 영양 공급을 촉진시킨다. • 표피층과 결합조직의 수축과 이완 작용을 한다.
전극봉형 리프팅기	• 근육을 섬세하게 관리한다. • 안면 표정 주름이나 늘어진 부위에 효과적이다. • 운동신경 자극에 의한 근육 위축을 방지한다.
중 · 저주파 리프팅기	• 세포의 신진대사를 촉진시킨다. • 혈액순환 및 림프순환을 원활하게 한다. • 결합 조직 및 근육, 피부 탄력을 강화시킨다.
초음파 리프팅기	• 세포 심부에 온열 효과로 순환계 활동을 돕는다. • 신경 조직의 자극으로 세포의 신진대사를 촉진시켜 영양의 흡수율을 높이고 피부의 긴장감과 탄력을 부여한다.

(6) 냉 · 온 매뉴얼 테크닉 기기

피부의 온도 변화 자극을 이용한 매뉴얼 테크닉 기기로, 혈액순환과 신진대사를 촉진시켜 피부의 물질 흡수를 돕고, 탄력을 증진시킨다. 여드름 압출 후나 메이크업 전의 피부 관리 시에 효과적이다.

3 전신 관리를 위한 기기

(1) 진공흡입기(석션기)

기계 모터로 다양한 크기와 모양의 컵(벤토즈)의 압력을 조절하여 피부 조직을 흡입함으로써 세포를 활성화시켜 노폐물 배출을 원활하게 한다. 또한, 림프순환과 혈액순환을 촉진시키고 지방을 제거해주며, 셀룰라이트 분해 효과가 있다.

(2) 초음파기(Ultrasound)

초음파는 진동 주파수가 17,000~20,000Hz 이상으로 매우 높아서 인간의 귀로는 들을 수 없는 불가청 진동음파로, 세정(스킨스크러버), 매뉴얼 테크닉, 온열 작용, 지방 분해에 효과적이다.

(3) 고주파 기기(High frequency machine)

고주파 전류는 높은 진폭에 의해 분류되는 교류 전류이다. 약 10만Hz 이상인 전류의 주된 작용은 발열 작용이며, 세포 내에서 열을 발생시켜 혈액순환을 촉진시키고, 내분비선 분비를 활성화하며, 스파킹으로 지성·여드름 피부에 살균, 진정, 세포 재생 효과를 준다. 전극봉을 직접 적용하는 직접법과 전극봉을 간접 적용하는 간접법으로 분류된다.

(4) 저주파 기기

저주파 기기는 1~1,000Hz 사이의 저주파 전류를 이용하여 근육이 반복적으로 수축, 이완하게 하여 근육을 강화시켜 비만 해소에 효과적이다.

(5) 엔더몰로지(Endermologie)

기계적인 압박과 흡입 작용으로 바이브레이션, 롤 매뉴얼 테크닉, 림프드레나지 등의 다양한 매뉴얼 테크닉을 할 수 있으며, 세포를 자극하여 피부의 재생 능력과 림프순환을 촉진시킨다.

(6) 에어프레셔(프레셔테라피)

적당한 공기의 압력을 이용하여 체내의 노폐물 및 지방을 분해하고, 혈액순환 및 림프순환을 촉진시키며, 근육 통증 완화 및 운동 효과를 주어 체형 관리 및 슬리밍에 효과적이다.

부록

피부미용 기구 활용

(7) 바이브레이터(Vibrator)

기계의 회전이나 진동을 이용하여 근육을 자극시켜 체열과 혈액순환을 촉진시키며, 체내의 노폐물 배설을 돕고 지방 분해가 증가하여 비만 관리에 효과적이다.

4 기타 기기

(1) 적외선 램프

온열 작용으로 혈액순환을 촉진시키며 노폐물과 독소 배출을 돕고, 통증 감소, 땀샘의 활동성 증가, 식균 작용, 유효성분 침투 등 전신적 효과를 준다.

(2) 자외선 멸균기(살균소독기)

살균 작용이 있는 UV-C를 이용하여 위생용품을 보관하여 세균 감염 및 증식을 방지하고 감염병을 예방한다.

(3) 컬러테라피(Color therapy)

빛의 파장, 세기, 색에 따른 효과를 적절히 선택 및 이용함으로써 빛의 에너지를 최대한 활용하여 피부와 전신미용에 효과적이다.

〈컬러테라피의 색상에 따른 효과〉

색상	파장	효과
빨강	780~622nm	• 혈액순환, 세포 재생 및 활성화 증진 • 근조직 이완 • 셀룰라이트, 지방분해 개선
주황	622~597nm	• 신진대사 촉진, 내분비 및 호흡기계 기능 활성화 • 예민 피부, 알레르기성 피부, 튼살에 효과적
노랑	597~577nm	• 신경 및 근육 활동을 자극, 진피층 기능 활성화 • 온열 효과로 물질대사를 도와 소화기계 기능을 도움 • 조기 노화, 문제성 피부에 효과적
초록	577~492nm	• 균형과 안정, 생명과 관련됨 • 진정, 진통, 살균 작용 • 대부분의 문제성 피부와 비만에 효과적
파랑	492~455nm	• 지성ㆍ염증성 여드름 관리, 모세혈관 확장증 관리 • 림프계에 영향을 주어 면역력 증진 • 두통, 피부염, 건조한 피부, 부종에 효과적

(4) 파라핀 왁스기

피부 관리용 파라핀을 온도에 맞게 사용할 수 있도록 데우는 기기로, 파라핀을 피부에 직접 적용시켜 모공을 열어 노폐물을 배출하고, 영양 성분의 침투력을 높여 보습 및 혈액순환 촉진 효과를 준다.

(5) 족탕기(각탕기)

발 마사지 시술 전에 물을 이용하여 발을 세정 및 살균하는 기기로, 수압 마사지로 근육을 이완시키고 혈액순환과 신진대사를 촉진시킨다.

(6) 족문기

발의 지문을 이용하여 발의 변형을 알아보는 기기이다.

FAQ 복장 및 타월

Q. 위생복(관리사 가운)과 실내화, 마스크는 어떤 것으로 준비해야 합니까?

A. 위생복은 흰색 반팔 가운 및 흰색 바지로, 몸의 모든 복식은 흰색으로 통일하시면 됩니다. 앞뒤가 트이지 않은 실내화(운동화는 안 되며, 반드시 실내화를 지참해야 함)를 준비하면 되고 관리 작업상 굽이 있는 경우도 가능합니다. 마스크의 경우는 약국 등에서 판매하는 일회용 흰색 마스크를 사용하시면 됩니다. 즉, 복장은 외부에서 보았을 때 머리 부분의 악세사리를 제외하고 모두 흰색(양말 등 포함)이면 되며, 절대 반팔 위생복 밖으로 긴팔 옷을 입거나, 위생복 안의 옷이 위생복 밖으로 나오게 하면 안 됩니다. 기타 자세한 사항은 '미용사(피부) 수험자 복장 감점 적용범위'를 참고하시기 바랍니다.

Q. 타월은 어떻게 준비하고 또 사용 용도는 어떤가요?

A. 타월은 대, 중, 소로 지정된 사이즈(대형의 경우 10% 정도의 크기 차이는 무방함)로 준비하시면 되며, 대형은 베드 깔개와 1, 3과제에서의 모델을 덮는 용으로, 중형은 2과제에서 신체 부위를 가리는 용도 및 목 등 부위 받침용으로, 소형은 기타 및 습포용으로 사용하시면 됩니다. 대형과 중형은 지정된 수량을 준비하면 되고, 소형은 작업에 필요한 습포의 양에 따라 최소 5장 이상 가져오시면 됩니다(온장고에는 최대 6장까지 보관할 수 있음). 그리고 대형의 경우 보통 피부미용 업소에서 사용하는 베드용 타월의 폭으로 되어있는 것 (100~135 × 180cm)도 무방합니다.

부록

피부미용 기구 활용

학습목표 화장품 법규에 의거하여 분류된 유형별 화장품을 사용 목적과 대상 부위에 맞게 기초, 기능성, 색조, 두피, 전신, 방향성 화장품으로 구분하여 인체를 아름답게 가꾸는데 사용할 수 있다.

1 화장품 분류하기

화장품은 사용 목적에 따라 분류할 수 있다.

분류	사용 목적	주요 제품
기초 화장품	세안	클렌징 폼, 클렌징 로션, 스크럽, 효소, 고마쥐, AHA
	피부 정돈	화장수
	피부 보호	로션, 모이스처 크림, 팩, 에센스
기능성 화장품	미백	미백 에센스, 미백 크림
	주름 개선	안티에이징 에센스, 크림, 아이크림
	자외선 차단	썬 로션, 썬 크림, 썬 오일
색조 화장품	베이스 메이크업	메이크업 베이스, 파운데이션, 페이스 파우더
	포인트 메이크업	립스틱, 아이섀도, 블러셔
두피 화장품	세정	샴푸
	컨디셔닝, 트리트먼트	헤어 린스, 헤어 트리트먼트
	정발	헤어 스프레이, 헤어 무스, 헤어 젤, 포마드
	퍼머넌트 웨이브	퍼머넌트 웨이브 로션
	염색, 탈색	염모제, 헤어 블리치
	육모, 양모	육모제, 양모제
전신 화장품	신체의 보호, 미화, 체취 억제, 세정	바디 클렌저, 바디 스크럽, 바디 오일, 바스 토너, 바디 로션, 체취방지제(데오도란트)
방향성 화장품	향취 부여	향수, 오데 코롱, 샤워 코롱

② 기초 화장품 사용하기

피부의 청결, 보호 및 건강을 유지시키기 위해 사용되는 물품으로 피부가 정상적인 기능을 수행할 수 있도록 도와주는 제품이다.

분류		제품	사용법 및 특징
세안	계면 활성제형	클렌징 폼, 비누	거품이 풍부하여 세정력이 우수하고, 세안 시 물로 씻어내는 타입이다.
	용제형	클렌징 로션	수분 함량이 높아 사용감이 산뜻하다.
		클렌징 크림	유분 함량이 높아 세정력이 우수하고, 이중세안이 필요하다.
		클렌징 오일	우수한 세정력을 갖고, 물 세안만으로도 오일기 제거가 가능하다.
		클렌징 워터	화장수 타입으로 세정력이 낮다.
	각질 제거	스크럽	미세한 알갱이 모양의 스크럽제가 각질을 제거하며, 자극에 주의한다.
		고마쥐	얼굴에 도포 후 마르면 피부결 방향대로 때처럼 밀어서 제거한다.
		효소	각질 분해 효소가 따뜻한 온도, 습도를 갖추면 각질을 제거한다.
		AHA	주로 과일산 성분으로 각질을 녹여서 제거한다.
피부 정돈		화장수	세안 후 세정 잔여물을 제거하고, 수분을 공급하며, pH 조절 등 피부를 정돈한다.
피부 보호		로션	수분 함량이 높아 산뜻한 제형이다.
		에센스	미용액으로 피부에 탁월한 미용 성분이 고농축 함유되어 있다.
		크림	로션에 비해 유분 함량이 높아 피부 보습력이 좋다
		팩	피부에 유효한 성분을 피부 표면에 도포하여 흡수시킨다. 필 오프, 워시 오프, 티슈 오프 타입 등이 있다.

3 기능성 화장품 사용하기

기능성 화장품은 일반 화장품에 비해 피부 생리 활성이 강조된 화장품이다.

분류	제품	사용법 및 특징
미백 화장품	미백 토너, 세럼, 크림	피부 미백에 도움을 주는 제품 • 주성분 : 알부틴, 비타민C, 감초추출물, 코직산, 하이드로퀴논, 상백피 추출물, 닥나무 추출물 등
주름 개선 화장품	안티 링클 세럼, 아이크림	피부 주름 개선에 도움을 주는 제품 • 주성분 : 레티놀, 아데노신, AHA, 이소플라본 등
자외선 화장품	썬 로션, 썬 크림	자외선으로부터 피부를 보호해 주는 제품 • 자외선 산란제 : 이산화티탄, 산화아연, 탈크, 카올린 • 자외선 흡수제 : 벤조페논, 옥시벤존, 옥틸디메칠파바

4 색조 화장품 사용하기

색조 화장품은 용모를 아름답게 변화시켜 피부를 아름답게 연출하려는 목적으로 사용되는 화장품이다.

분류		종류 및 특징
베이스 메이크업	메이크업 베이스	• 화장을 잘 받게 해주고 들뜨는 것을 막아주며, 파운데이션의 색소 침착을 방지한다. • 피부톤에 따라 녹색, 보라색, 분홍색, 흰색 등을 사용한다.
	파운데이션	• 피부의 결점을 커버하고 색상을 조절하며, 메이크업 지속성을 높여준다. • 제형에 따라 리퀴드 타입, 크림 타입, 케이크 타입, 스틱 타입 등이 있다.
	파우더	• 파운데이션의 유분기를 제거하고 지속성을 높여준다. 피부톤을 화사하게 연출하는 목적으로 사용한다. • 페이스 파우더와 콤팩트 파우더 형태가 있다.
포인트 메이크업	아이 메이크업 제품	아이브로, 마스카라, 아이라이너, 아이섀도
	립 메이크업 제품	립스틱, 립 라이너
	블러셔	치크 컬러, 볼터치라고도 한다.

5 두피 화장품 사용하기

두피 화장품은 모발과 두피를 청결하게 하고 보호와 정돈, 미화의 목적으로 사용되는 화장품이다.

분류	제품	사용법 및 특징
세정	샴푸	더러워진 모발을 깨끗이 하고, 모발의 육성을 촉진한다.
	린스	샴푸 후 모발에 유연성, 윤기를 주고 빗질이 잘 되게 한다.
양모제	헤어 토닉	두피를 시원하게 하고, 가려움증과 탈모를 예방한다.
	헤어 팩	모발 및 두피에 영양 성분을 공급하여 모발에 윤기를 제공한다.
	헤어 컨디셔너	거친 모발을 보호하고, 모발의 큐티클 손상을 방지한다.
	헤어 오일	모발에 스며들어 모발을 유연하게 하며 광택을 준다.
	헤어 트리트먼트	손상된 모발을 회복시켜 준다.
정발제	세트 로션	드라이어의 열과 자외선으로부터 모발을 보호 · 정돈한다.
	헤어 젤	촉촉하고 자연스러운 웨이브를 유지하게 한다.
	헤어 무스	빠른 헤어 스타일링과 컨디셔닝 효과를 준다.
	헤어 스프레이	모발이 흐트러지지 않도록 헤어스타일을 고정시킨다.
	포마드	반고체상으로 남성용 정발제로 사용한다.
	헤어 로션	모발에 광택과 유연성을 주고 모발을 보호한다.
	헤어 오일	정발과 두발 보호를 목적으로 사용한다.
염모제	일시적 염모제	모발의 바깥 부분만 코팅하는 염모제로, 샴푸 후 색상이 없어진다.
	염색제	모발의 모피질까지 침투하여 모발의 색을 바꿔준다.
	헤어 블리치	탈색이 주목적인 염모제로, 멜라닌을 파괴시켜 모발의 색을 밝게 한다.
퍼머넌트 웨이브 로션	환원제, 산화제	물리적, 화학적 방법으로 모발의 형태를 변화시키기 위한 제품이다.

6 전신 화장품 사용하기

전신 화장품은 신체의 보호와 미화, 체취 억제를 목적으로 사용하는 화장품이다.

분류	제품	사용법 및 특징
세정	비누, 바디 샴푸	피부의 노폐물을 제거하기 위한 거품형 세정제이다.
보호	바디 로션, 오일, 크림	피부 보습을 위한 전신 기초 화장품이다.
체취 억제	데오드란트	• 강한 수렴 작용으로 발한을 억제하여 체취를 방지해준다. • 주로 겨드랑이 부위에 사용하는 제품으로 로션, 파우더, 스프레이, 스틱 등의 형태가 있다.

7 방향성 화장품 사용하기

방향성 화장품은 신체에 향취를 부여해주는 화장품이다.

분류	제품	사용법 및 특징
향수	퍼퓸	일반적인 향수로 고가이다. • 부향률 : 15~30%
	오데 퍼퓸	퍼퓸에 가까운 향의 지속성이 있다. • 부향률 : 9~12%
	오데 토일렛	상쾌한 향을 부여한다. • 부향률 : 6~8%
	오데 코롱	향수를 처음 접하는 사람에게 적합한 가벼운 향을 부여한다. • 부향률 : 3~5%
	샤워 코롱	샤워 후 사용하는 바디용 방향 화장품이다. • 부향률 : 1~3%

MEMO

MEMO

MEMO

MEMO

MEMO